江山仙霞岭自然保护区
珍稀濒危动植物

陈征海 余著成 金 伟 主编

科学出版社

北京

内 容 简 介

　　本书从仙霞岭自然保护区分布的野生动植物中筛选出102种珍稀濒危植物和102种珍稀濒危动物介绍给读者。每个物种均配有精美的彩色照片，同时给出中文名、拉丁学名、保护等级及其形态特征、地理分布、保护价值等内容。

　　本书图文并茂、内容全面、实用性强，可供林业、园林、环境保护等部门工作者，动植物专业师生，花木种植经营者，动植物爱好者参考。

审图号：浙衢S[2020]12号
　　　　浙衢S[2020]13号

图书在版编目（CIP）数据

江山仙霞岭自然保护区珍稀濒危动植物 / 陈征海，余著成，金伟主编.
—北京：科学出版社，2020.12
　ISBN 978-7-03-067015-1

　Ⅰ.①江⋯　Ⅱ.①陈⋯　②余⋯　③金⋯　Ⅲ.①自然保护区-野生动物-濒危动物-介绍-江山②自然保护区-野生植物-濒危植物-介绍-江山
Ⅳ.①Q958.525.54　②Q948.525.54

中国版本图书馆CIP数据核字（2020）第242239号

责任编辑：张会格 / 责任校对：郑金红
责任印制：肖　兴 / 封面设计：无极书装

科 学 出 版 社 出版
北京东黄城根北街16号
邮政编码：100717
http://www.sciencep.com

北京九天鸿程印刷有限责任公司 印刷
科学出版社发行　各地新华书店经销

*

2020年12月第 一 版　开本：889×1194　1/16
2020年12月第一次印刷　印张：14 1/2
字数：489 000

定价：328.00元
（如有印装质量问题，我社负责调换）

前　言 PREFACE

　　江山仙霞岭省级自然保护区（以下简称"仙霞岭保护区"或"保护区"）地处浙江西南的浙江、福建边境，保护区总面积为 6990hm²，森林覆盖率达 98.0%。仙霞岭属构造侵蚀中低山地貌，地势高峻，峰峦嵯峨，平均海拔 1000m 左右，多为中生代侏罗系火山岩覆盖，岩性坚硬，节理发育，侵蚀后常成陡崖峭壁，主峰大龙岗海拔 1500.3m，为金衢第一高峰。仙霞岭保护区具有保存较完好的典型的中亚热带常绿阔叶林，是浙江省生物多样性丰富的区域之一，伯乐树、黑麂、白颈长尾雉等是保护区珍稀濒危植物的代表。保护区的核心区是以森林植被保护最完好的原野猪浆猕猴自然保护小区和大南坑、中坑天然次生林自然保护小区为基础，还包括珍稀动植物分布较集中的半坑、华竹坑、大中坑等区域，占保护区总面积的 42.62%。近几年，保护区内生态环境得到进一步优化，珍稀动植物种类不断增多，种群数量明显增加，其分布范围也在不断扩大。

　　2018 ~ 2019 年，由浙江大学、浙江省森林资源监测中心共同组成仙霞岭保护区科考组，对保护区的珍稀濒危野生动植物资源开展全面普查，明确了保护区内珍稀濒危野生动植物的种类及分布情况，为保护区珍稀濒危野生动植物管理、保护和利用、研究、教学及科普等奠定了基础。

　　本书收录的野生动植物是在仙霞岭保护区境内自然分布的国家重点保护野生动植物、浙江省重点保护野生动植物和列入《中国生物多样性红色名录》的物种。经调查保护区内珍稀濒危野生植物物种共计 113 种，其中，国家重点保护野生植物 12 种（国家 I 级重点保护野生植物 2 种，国家 II 级重点保护野生植物 10 种）；浙江省重点保护野生植物 14 种；其他珍稀濒危植物 87 种。珍稀濒危野生动物物种共计 102 种，其中，国家重点保护野生动物 32 种（国家 I 级重点保护野生动物 6 种，国家 II 级重点保护野生动物 26 种）；浙江省重点保护野生动物 51 种；其他珍稀濒危动物 19 种。

　　全书分仙霞岭保护区自然地理概况、珍稀濒危植物和珍稀濒危动物三部分。其中，仙霞岭保护区自然地理概况简要叙述保护区的地理位置、地形地貌、气候、水文、植被资源及动植物资源。珍稀濒危植物、动物部分参照《浙江珍稀濒危植物》（1994 年）、《国家重点保护野生植物名录（第一批）》（1999 年）、《中国生物多样性红色名录——高等植物卷》（2013 年）、《浙江省重点保护野生植物名录（第一批）》（2012 年）、《浙江省重点保护动物名录》（2016 年）、《IUCN 物种红色名录濒危等级和标准（3.1 版）》和《中国生物多样性红色名录——脊椎动物卷》（2015 年）所列的受威胁等级在近危（NT）以上的物种等。对保护区的珍稀濒危野生植物、动物进行系统描述，每种均包含中文名称、拉丁学名、分类阶元、别名、保护级别、濒危等级、形态特征、地理分布、保护价值及彩色生态图片。

　　通过本书的编著，不仅阐明了仙霞岭保护区珍稀濒危野生动植物多样性，更对保护区珍稀濒危野生动植物的科学管理、合理利用与科普宣传等起到重要作用。

　　本书是江山仙霞岭自然保护区科考项目组和保护区管理局全体工作人员辛勤工作的结果，它的编纂出版是集体协作、奉献的结果。本书从调查到编写和出版，一直得到了浙江大学丁平教授关心和指导，在此表示衷心的感谢。

　　由于调研与编撰时间相对较短，且编者水平有限，书中难免有疏虞之处。期望同行专家学者和读者不吝批评指教！

目 录 CONTENTS

第一章

仙霞岭保护区概况

第一节　仙霞岭保护区自然地理概况

一、地理位置

仙霞岭保护区位于浙江省江山市南部山区，与福建省浦城县接壤，是钱塘江源头之一。地理坐标为北纬 28°15′26″ ～ 28°21′11″，东经 118°33′42″ ～ 118°41′5″。

保护区总面积 6990hm²，其范围涉及江山市廿八都镇的周村村和周村乡林场及张村乡的双溪口村。东至双溪口村龙井坑自然村与遂昌县交界处，南至周村村、龙井坑自然村与福建省交界处，西至周村溪，北至周村乡林场。

二、地形地貌

仙霞岭，又名古泉山，是浙江西南的重要名山，为浙江省主要山系之一。仙霞岭山脉发端于福建、江西交界的武夷山脉向东北延伸而成，呈东北 – 西南走向，保护区内分成三个支脉：龙门岗支脉、大龙岗支脉和仙岭坑尾支脉，保护区内主要为大龙岗支脉和仙岭坑尾支脉。

仙霞岭保护区大地构造上位于江山 – 绍兴深断裂带西南端之南东侧，属华南褶皱系浙东南褶皱带丽水 – 宁波隆起龙泉 – 遂昌断隆的北部，岩浆活动强烈，其基底地层为早 – 中元古宙陈蔡群变质岩系。

保护区属仙霞岭中低山区，地貌类型属构造侵蚀中低山地貌。山势挺拔陡峻，峰峦嵯峨，层峦叠嶂，保护区及周边地区海拔 1000m 以上山峰 28 座，大多数分布在浙江、福建边界和江山、遂昌、衢江交界一带。区内最高峰大龙岗，海拔 1500.3m。仙霞岭中低山区，深受江山港及其支流切割和冲刷，沟谷深度在 500 ～ 800m，呈"间"字形态。山坡陡峭，坡度多在 25° 以上。

三、气候

仙霞岭保护区地处中亚热带北缘，亚热带湿润季风气候区，四季分明，光温适宜，降水丰沛而季节分配不均。由于保护区内山多且高，受地形地势等诸多因素影响，小气候特征明显，区内气温偏低且日较差大，雨量充沛，日照相对偏少，立体气候明显，年际变化大。保护区内年均气温 15.0℃ 左右，7 月平均气温最高为 25.7℃，1 月平均气温最低为 4.1℃。≥10℃ 的年活动积温为 5534℃；年平均降水量 1650 ～ 2200mm；年日照 1600 ～ 1800h；无霜期 237 天左右，盛行东北风向。保护区气候具有以下特点：一是季风气候特征明显，受季风环流的影响显著，冬夏季风交替明显，四季冷暖干湿分明；

二是山地小气候特征显著,由于受山地地形因素的影响,山区热状态的多样性,结合较丰富的降水和一定的光照,致使保护区内小气候特征明显;三是立体气候为众多的生物提供了更为适宜的甚或是最优的生境条件。

四、水文水系

仙霞岭保护区属钱塘江水系的一级支流江山港的支流——周村溪。周村溪,旧称小源溪,发源于江山市南境浙江、福建交界的狮子岭北坡。北流至交溪口,汇源出雪岭底,东南流至安民关,受东北面来水;北流经周村,至岩坑口;西接白水洋来水,至岩坑口,又受木栅栏来水,至白水湾口,汇定村溪水,注入大峦口溪。周村溪全长25km,流域面积123.1km²。起点徐福年海拔850m,终点白水湾口290m,落差560m。周村河段宽30m,左右岸较为开阔平坦,有少量河谷平地。是一条小支流众多、集雨面积较大的大山区溪流。保护区下游已建有峡口水库和白水坑水库,是当前江山市水质最优良的饮用水源地。

五、植 被

保护区内植被有6个植被型组10个植被型25个群系(组),地带性植物群落为典型的中亚热带常绿阔叶林,以木荷、甜槠为主要建群种。保护区虽然有近千米的高差,但由于历史上人为活动影响,区内植被的垂直分布特征不甚明显,仅有香果树林和米心水青冈林表现出高海拔植被的特色。水平分布方面则更表现出地形、地貌、人为活动等综合因素的影响,以常绿阔叶林为例,坡度较缓,土层较厚处以甜槠林、木荷林分布最广;坡度陡,土壤瘠薄处则以乌冈栎林为主;而人工栽培形成的毛竹林和杉木林则广泛分布于坡度较缓、土层深厚、离村庄较近区域。区内分布有4种珍稀植被和1种特色植被,其中分布于大南坑的榉树群落和猴头杜鹃群落、分布于高峰龙头村的毛红椿群落及分布于里东坑的香果树群落属于珍稀植被;分布于深坑的多脉鹅耳枥群落为保护区内的特色植被。

六、野生动植物

1. 野生植物

仙霞岭保护区是浙江省植物资源最丰富的地区之一。经系统的调查与考察,共发现保护区内有野生及常见栽培高等植物231科812属1743种(含种下分类单位,下同),其中,苔藓植物66科145属345种,蕨类植物28科60属128种;裸子植物6科13属16种;被子植物131科594属1254种(双子叶植物113科477属1009种,单子叶植物18科117属245种)。仙霞岭保护区珍稀濒危及保护植物十分丰富。据调查统计,仙霞岭保护区内有珍稀濒危及保护植物113种,其中,国家重点保护野生植物12种(国家I级重点保护野生植物有南方红豆杉和伯乐树2种,国家II级重点保护野生植物有榧树、榉树、鹅掌楸、凹叶厚朴、毛红椿、花榈木、野大豆、香果树、金荞麦和樟10种);浙江省重点保护野生植物有蛇足石杉、六角莲、三叶崖爬藤、华重楼、银钟花、三枝九叶草、短萼黄连、红淡比、野豇豆、孩儿参、中南鱼藤等14种;其他珍稀濒危植物有87种。

2. 野生动物

仙霞岭保护区内有丰富的动物资源,珍稀物种众多,资源量丰富,是生物多样性丰富的地区之一。该区域内野生动物地理区系属于东洋界华中区的东南部丘陵平原亚区,在动物区系成分上,既有大量东洋界动物种群,又有古北界动物种群,具有明显的过渡性特征。据调查统计,保护区内有野生脊椎动物331种,其中,兽类8目23科63种;鸟类15目46科153种;爬行类2目9科39种;两栖类2目8科28种;鱼类3目10科48种。这些脊椎动物中,国家I级重点保护野生动物有黑麂、黄腹角雉、白颈长尾雉、金钱豹、云豹和穿山甲6种;国家II级重点保护野生动物有猕猴、黄喉貂、小灵猫、金猫、中华鬣羚、黑冠鹃隼、黑鸢、赤腹鹰、松雀鹰、红隼、勺鸡、白鹇、褐翅鸦鹃和斑头鸺鹠等26种;浙江省重点保护野生动物有秉志肥螈、崇安髭蟾、中国雨蛙、九龙棘蛙、平胸龟、崇安草蜥、白眉山鹧鸪、绿翅鸭、普通秋沙鸭、四声杜鹃、戴胜、灰头绿啄木鸟、虎纹伯劳、红嘴相思鸟、黄鼬、豹猫和毛冠鹿等 51 种，以及其他珍稀濒危野生动物 19 种。

第二节 珍稀濒危植物概述

一、珍稀濒危植物种类组成

珍稀濒危野生植物是自然保护区的重要保护对象。仙霞岭保护区内重点保护及珍稀濒危物种十分丰富。依据 1999 年国务院批准公布的《国家重点保护野生植物名录（第一批）》、2012 年浙江省人民政府批准公布的《浙江省重点保护野生植物名录（第一批）》、2013 年环境保护部和中国科学院联合发布的《中国生物多样性红色名录——高等植物卷》（简称《中国生物多样性红色

名录》）、2019 年中华人民共和国濒危物种进出口管理办公室和中华人民共和国濒危物种科学委员会编印的《濒危野生动植物物种国际贸易公约》（简称"CITES"）等资料统计，保护区内有珍稀濒危植物 113 种，隶属于 49 科 90 属（表 1），占保护区维管植物种数的 8.1%。其中，蕨类植物 1 科 2 属 3 种；裸子植物 2 科 3 属 3 种；被子植物 46 科 85 属 107 种。

国家级重点保护野生植物共有 12 种，其中，国家Ⅰ级重点保护野生植物 2 种，国家Ⅱ级重点保护野生植物 10 种。浙江省重点保护野生植物 14 种。《中国生物多样性红色名录》列为近危（NT）及以上等级的物种 54 种，其中，濒危（EN）4 种，易危（VU）21 种，近危（NT）29 种；列入 CITES 附录Ⅱ的物种有 29 种，其中兰科植物 26 种。

表 1 仙霞岭保护区珍稀濒危植物

序号	物种名	保护级别	《中国生物多样性红色名录》	CITES	其他珍稀濒危
1	蛇足石杉 *Huperzia serrata*	省重点	EN		
2	四川石杉 *Huperzia sutchueniana*		NT		
3	柳杉叶马尾杉 *Phlegmariurus cryptomerianus*		NT		
4	黄山松 *Pinus taiwanensis*		LC		其他
5	南方红豆杉 *Taxus wallichiana* var. *mairei*	国Ⅰ	VU	附录Ⅱ	
6	榧树 *Torreya grandis*	国Ⅱ	LC		
7	青钱柳 *Cyclocarya paliurus*		LC		其他
8	多脉鹅耳枥 *Carpinus polyneura*		LC		其他
9	榉树 *Zelkova schneideriana*	国Ⅱ	NT		
10	闽北冷水花 *Pilea verrucosa* var. *fujianensis*		VU		
11	鲜黄马兜铃 *Aristolochia hyperxantha*		NE		其他
12	福建细辛 *Asarum fukienense*		LC		其他
13	金荞麦 *Fagopyrum dibotrys*	国Ⅱ	LC		
14	孩儿参 *Pseudostellaria heterophylla*	省重点	LC		
15	短萼黄连 *Coptis chinensis* var. *brevisepala*	省重点	EN		
16	尖叶唐松草 *Thalictrum acutifolium*		NT		
17	华东唐松草 *Thalictrum fortunei*		NT		
18	显脉野木瓜 *Stauntonia conspicua*		LC		其他
19	六角莲 *Dysosma pleiantha*	省重点	NT		
20	八角莲 *Dysosma versipellis*	省重点	VU		
21	三枝九叶草 *Epimedium sagittatum*	省重点	NT		
22	鹅掌楸 *Liriodendron chinense*	国Ⅱ	LC		
23	黄山木兰 *Magnolia cylindrica*		LC		其他
24	凹叶厚朴 *Magnolia officinalis* subsp. *biloba*	国Ⅱ	LC		
25	乳源木莲 *Manglietia yuyuanensis*		LC		其他

序号	物种名	保护级别	《中国生物多样性红色名录》	CITES	其他珍稀濒危
26	深山含笑 Michelia maudiae		LC		其他
27	野含笑 Michelia skinneriana	省重点	LC		
28	华南桂 Cinnamomum austrosinense		LC		其他
29	樟 Cinnamomum camphora	国Ⅱ	LC		
30	浙江樟 Cinnamomum japonicum		VU		
31	云和新木姜子 Neolitsea aurata var. paraciculata		LC		其他
32	血水草 Eomecon chionantha		LC		其他
33	河岸阴山荠 Yinshania rivulorum		LC		其他
34	伯乐树 Bretschneidera sinensis	国Ⅰ	NT		
35	腺蜡瓣花 Corylopsis glandulifera		NT		
36	细柄半枫荷 Semiliquidambar chingii		NE		其他
37	迎春樱桃 Cerasus discoidea		NT		
38	铅山悬钩子 Rubus tsangii var. yanshanensis		LC		其他
39	黄檀 Dalbergia hupeana		NT	附录Ⅱ	
40	香港黄檀 Dalbergia millettii		LC	附录Ⅱ	
41	中南鱼藤 Derris fordii	省重点	LC		
42	野大豆 Glycine soja	国Ⅱ	LC		
43	春花胡枝子 Lespedeza dunnii		NT		
44	花榈木 Ormosia henryi	国Ⅱ	VU		
45	贼小豆 Vigna minima	省重点	LC		
46	野豇豆 Vigna vexillata	省重点	LC		
47	朵花椒 Zanthoxylum molle		VU		
48	毛红椿 Toona ciliata var. pubescens	国Ⅱ	VU		
49	仙霞岭大戟 Euphorbia xianxialingensis		NE		新种
50	绒毛锐尖山香圆 Turpinia arguta var. pubescens		LC		其他
51	阔叶槭 Acer amplum		NT		
52	淡黄绿凤仙花 Impatiens chloroxantha		LC		其他
53	阔萼凤仙花 Impatiens platysepala		NE		其他
54	两色冻绿 Rhamnus crenata var. discolor		NT		
55	三叶崖爬藤 Tetrastigma hemsleyanum	省重点	LC		
56	长叶猕猴桃 Actinidia hemsleyana		VU		
57	小叶猕猴桃 Actinidia lanceolata		VU		
58	安息香猕猴桃 Actinidia styracifolia		VU		
59	对萼猕猴桃 Actinidia valvata		NT		
60	浙江红山茶 Camellia chekiangoleosa		LC		其他
61	红淡比 Cleyera japonica	省重点	LC		
62	亮毛堇菜 Viola lucens		EN		
63	吴茱萸五加 Gamblea ciliata var. evodiifolia		VU		
64	福参 Angelica morii		NT		
65	浙江青荚叶 Helwingia zhejiangensis		LC		其他
66	银钟花 Halesia macgregorii	省重点	NT		
67	浙赣车前紫草 Sinojohnstonia chekiangensis		LC		其他
68	出蕊四轮香 Hanceola exserta		NT		
69	高野山龙头草 Meehania montis-koyae		NE		其他

续表

序号	物种名	保护级别	《中国生物多样性红色名录》	CITES	其他珍稀濒危
70	云和假糙苏 *Paraphlomis lancidentata*		NT		
71	浙皖丹参 *Salvia sinica*		LC		其他
72	广西地海椒 *Physaliastrum chamaesarachoides*		VU		
73	天目地黄 *Rehmannia chingii*		VU		
74	羽裂唇柱苣苔 *Chirita pinnatifida*		LC		其他
75	香果树 *Emmenopterys henryi*	国Ⅱ	NT		
76	尖萼乌口树 *Tarenna acutisepala*		LC		其他
77	光叶三脉紫菀 *Aster ageratoides* var. *leiophyllus*		LC		其他
78	九龙山紫菀 *Aster jiulongshanensis*		NE		其他
79	南方兔儿伞 *Syneilesis australis*		DD		其他
80	华箬竹 *Sasa sinica*		NT		
81	近头状薹草 *Carex subcapitata*		LC		其他
82	天目山薹草 *Carex tianmushanica*		NT		
83	长苞谷精草 *Eriocaulon decemflorum*		VU		
84	华重楼 *Paris polyphylla* var. *chinensis*	省重点	VU		
85	多花黄精 *Polygonatum cyrtonema*		NT		
86	浙南菝葜 *Smilax austrozhejiangensis*		LC		其他
87	细柄薯蓣 *Dioscorea tenuipes*		VU		
88	无柱兰 *Amitostigma gracile*		LC	附录Ⅱ	
89	金线兰 *Anoectochilus roxburghii*		EN	附录Ⅱ	
90	广东石豆兰 *Bulbophyllum kwangtungense*		LC	附录Ⅱ	
91	虾脊兰 *Calanthe discolor*		LC	附录Ⅱ	
92	钩距虾脊兰 *Calanthe graciliflora*		NT	附录Ⅱ	
93	蕙兰 *Cymbidium faberi*		LC	附录Ⅱ	
94	多花兰 *Cymbidium floribundum*		VU	附录Ⅱ	
95	春兰 *Cymbidium goeringii*		VU	附录Ⅱ	
96	寒兰 *Cymbidium kanran*		VU	附录Ⅱ	
97	细茎石斛 *Dendrobium moniliforme*		NE	附录Ⅱ	
98	单叶厚唇兰 *Epigeneium fargesii*		LC	附录Ⅱ	
99	黄松盆距兰 *Gastrochilus japonicus*		VU	附录Ⅱ	
100	大花斑叶兰 *Goodyera biflora*		NT	附录Ⅱ	
101	小斑叶兰 *Goodyera repens*		LC	附录Ⅱ	
102	斑叶兰 *Goodyera schlechtendaliana*		NT	附录Ⅱ	
103	见血青 *Liparis nervosa*		LC	附录Ⅱ	
104	长唇羊耳蒜 *Liparis pauliana*		LC	附录Ⅱ	
105	小沼兰 *Malaxis microtatantha*		NT	附录Ⅱ	
106	小叶鸢尾兰 *Oberonia japonica*		LC	附录Ⅱ	
107	细叶石仙桃 *Pholidota cantonensis*		LC	附录Ⅱ	
108	舌唇兰 *Platanthera japonica*		LC	附录Ⅱ	
109	小舌唇兰 *Platanthera minor*		LC	附录Ⅱ	
110	台湾独蒜兰 *Pleione formosana*		VU	附录Ⅱ	
111	香港绶草 *Spiranthes hongkongensis*		NE	附录Ⅱ	
112	带唇兰 *Tainia dunnii*		NT	附录Ⅱ	
113	小花蜻蜓兰 *Tulotis ussuriensis*		NT	附录Ⅱ	

注：NE，未予评估；DD，数据缺乏；LC，无危；后同。

二、 国家重点保护野生植物

仙霞岭保护区内有国家重点保护野生植物 12 种，隶属于 9 科 12 属，占保护区珍稀濒危植物种数的 10.6%，详见表 2。其中，国家 I 级重点保护野生植物有南方红豆杉、伯乐树 2 种，国家 II 级重点保护野生植物有榧树、榉树、金荞麦、凹叶厚朴、鹅掌楸、樟、野大豆、花榈木、毛红椿、香果树 10 种。

表 2　仙霞岭国家重点保护野生植物

序号	物种名称	保护级别	《中国生物多样性红色名录》
1	南方红豆杉 Taxus wallichiana var. mairei	国 I	VU
2	榧树 Torreya grandis	国 II	LC
3	榉树 Zelkova schneideriana	国 II	NT
4	金荞麦 Fagopyrum dibotrys	国 II	LC
5	鹅掌楸 Liriodendron chinense	国 II	LC
6	凹叶厚朴 Magnolia officinalis subsp. biloba	国 II	LC
7	樟 Cinnamomum camphora	国 II	LC
8	伯乐树 Bretschneidera sinensis	国 I	NT
9	野大豆 Glycine soja	国 II	LC
10	花榈木 Ormosia henryi	国 II	VU
11	毛红椿 Toona ciliata var. pubescens	国 II	VU
12	香果树 Emmenopterys henryi	国 II	NT

国家重点保护野生植物中属中国特有物种的有 6 种，被《中国生物多样性红色名录——高等植物卷》评估为易危（VU）的 3 种，近危（NT）的 3 种，无危（LC）的 6 种。

三、 浙江省重点保护野生植物

仙霞岭保护区内有浙江省重点保护野生植物 14 种，隶属于 10 科 12 属，它们是蛇足石杉、孩儿参、短萼黄连、六角莲、八角莲、三枝九叶草、野含笑、中南鱼藤、贼小豆、野豇豆、三叶崖爬藤、红淡比、银钟花、华重楼，占保护区珍稀濒危植物种数的 12.4%。详见表 3。

浙江省重点保护野生植物中属中国特有物种的有 8 种，被《中国生物多样性红色名录——高等植物卷》评估为濒危（EN）的 2 种，易危（VU）的 2 种，近危（NT）的 3 种，无危（LC）的 7 种。

表 3　仙霞岭浙江省重点保护野生植物

序号	物种名	中国特有种	《中国生物多样性红色名录》
1	蛇足石杉 Huperzia serrata		EN
2	孩儿参 Pseudostellaria heterophylla		LC
3	短萼黄连 Coptis chinensis var. brevisepala	√	EN
4	六角莲 Dysosma pleiantha	√	NT
5	八角莲 Dysosma versipellis	√	VU
6	三枝九叶草 Epimedium sagittatum	√	NT
7	野含笑 Michelia skinneriana	√	LC
8	中南鱼藤 Derris fordii		LC
9	贼小豆 Vigna minima		LC
10	野豇豆 Vigna vexillata		LC
11	三叶崖爬藤 Tetrastigma hemsleyanum	√	LC
12	红淡比 Cleyera japonica		LC
13	银钟花 Halesia macgregorii	√	NT
14	华重楼 Paris polyphylla var. chinensis		VU

四、 其他珍稀濒危植物

保护区内珍稀濒危植物十分丰富，除上述重点保护野生植物外，尚有 87 种珍稀濒危植物，其中中国特有种 62 种，占其他珍稀濒危植物种数的 71.3%。

《中国生物多样性红色名录——高等植物卷》评估为近危（NT）及以上等级的物种 41 种，其中，濒危（EN）物种有金线兰、亮毛堇菜 2 种；易危（VU）物种有台湾独蒜兰、黄松盆距兰、寒兰、春兰、多花兰、闽北冷水花、天目地黄、广西地海椒、安息香猕猴桃、长叶猕猴桃、小叶猕猴桃等 16 种；安息香猕猴桃是主产于仙霞岭山脉的猕猴桃属种植资源，资源十分稀少；近危（NT）物种有四川石杉、柳杉叶马尾杉、带唇兰、小沼兰、大花斑叶兰、尖叶唐松草、天目山薹草、云和假糙苏、对萼猕猴桃、阔叶槭、迎春樱桃等 23 种。

列入《濒危野生动植物国际贸易公约》（CITES）附录 II 的物种有 29 种，其中红豆杉科红豆杉属 1 种，豆科黄檀属 2 种，兰科 18 属 26 种。

此外，还有 31 种珍稀濒危植物，虽然被《中国生物多样性红色名录——高等植物卷》评估为无危（LC）、数据缺乏（DD）或者尚未被评估（NE），但它们中大多数种类分布区狭窄，在省内乃至国内均较为罕见，资源总量稀少，亟须被重视和保护。例如，仙霞岭大戟、九龙山紫菀等是新近发表的新种，仙霞岭是其模式产地；淡黄绿凤仙花、浙南菝葜、近头状薹草、显脉野木瓜等是浙江特有种；绒毛锐尖山香圆、尖萼乌口树、铅山悬钩子等是新近发现于仙霞岭保护区的浙江新记录植物；细柄半枫荷在浙江有记载但产地不详，仙霞岭保护区是该种在浙江首次确认的产地等。

第三节　珍稀濒危动物概述

一、珍稀濒危动物种类组成

1. 种类与组成

根据科考成果及相关历史资料，保护区有珍稀濒危野生动物102种，隶属20目41科；其中，兽类28种，隶属6目13科；鸟类45种，隶属10目16科；爬行类14种，隶属2目6科；两栖类15种，隶属2目6科。详见表4。

表4　仙霞岭保护区珍稀濒危动物一览表

序号	物种名	保护级别	IUCN 物种红色名录	《中国生物多样性红色名录》
1	普氏蹄蝠 *Hipposideros pratti*		LC	NT
2	中华鼠耳蝠 *Myotis chinensis*		LC	NT
3	猕猴 *Macaca mulatta*	国II	LC	LC
4	藏酋猴 *Macaca thibetana*	国II	NT	VU
5	穿山甲 *Manis pentadactyla*	国I	EN	CR
6	中国豪猪 *Hystrix hodgsoni*	省重点	LC	LC
7	*狼 *Canis lupus*	省重点	LC	NT
8	*赤狐 *Vulpes vulpes*	省重点	LC	NT
9	貉 *Nyctereutes procyonoides*	省重点	LC	NT
10	*豺 *Cuon alpinus*	国II	EN	EN
11	黑熊 *Ursus thibetanus*	国II	VU	VU
12	黄喉貂 *Martes flavigula*	国II	LC	NT
13	黄鼬 *Mustela sibirica*	省重点	LC	LC
14	黄腹鼬 *Mustela kathiah*	省重点	LC	NT
15	鼬獾 *Melogale moschata*		LC	NT
16	亚洲狗獾 *Meles leucurus*		LC	NT
17	猪獾 *Arctonyx collaris*		NT	NT
18	食蟹獴 *Herpestes urva*	省重点	LC	NT
19	豹猫 *Prionailurus bengalensis*	省重点	LC	VU
20	*金猫 *Pardofelis temminckii*	国II	NT	CR
21	*云豹 *Neofelis nebulosa*	国I	VU	CR
22	*金钱豹 *Panthera pardus*	国I	NT	EN
23	*小灵猫 *Viverricula indica*	国II	LC	VU
24	果子狸 *Paguma larvata*	省重点	LC	NT
25	小麂 *Muntiacus reevesi*		LC	VU
26	黑麂 *Muntiacus crinifrons*	国I	VU	EN
27	毛冠鹿 *Elaphodus cephalophus*	省重点	NT	VU
28	中华鬣羚 *Capricornis milneedwardsii*	国II	NT	VU

序号	物种名	保护级别	IUCN 物种红色名录	《中国生物多样性红色名录》
29	鹌鹑 Coturnix japonica		NT	LC
30	黄腹角雉 Tragopan caboti	国 I	VU	EN
31	勺鸡 Pucrasia macrolopha	国 II	LC	LC
32	白鹇 Lophura nycthemera	国 II	LC	LC
33	白颈长尾雉 Syrmaticus ellioti	国 I	NT	VU
34	白眉山鹧鸪 Arborophila gingica	省重点	NT	VU
35	小天鹅 Cygnus columbianus	国 II	LC	NT
36	鸳鸯 Aix galericulata	国 II	LC	NT
37	赤颈鸭 Mareca penelope	省重点	LC	LC
38	绿头鸭 Anas platyrhynchos	省重点	LC	LC
39	斑嘴鸭 Anas zonorhyncha	省重点	LC	LC
40	绿翅鸭 Anas crecca	省重点	LC	LC
41	普通秋沙鸭 Mergus merganser	省重点	LC	LC
42	褐翅鸦鹃 Centropus sinensis	国 II	LC	LC
43	噪鹃 Eudynamys scolopaceus	省重点	LC	LC
44	大鹰鹃 Hierococcyx sparverioides	省重点	LC	LC
45	四声杜鹃 Cuculus micropterus	省重点	LC	LC
46	凤头蜂鹰 Pernis ptilorhynchus	国 II	LC	NT
47	黑冠鹃隼 Aviceda leuphotes	国 II	LC	LC
48	林雕 Ictinaetus malaiensis	国 II	LC	VU
49	蛇雕 Spilornis cheela	国 II	LC	NT
50	赤腹鹰 Accipiter soloensis	国 II	LC	LC
51	松雀鹰 Accipiter virgatus	国 II	LC	LC
52	凤头鹰 Accipiter trivirgatus	国 II	LC	NT
53	黑鸢 Milvus migrans	国 II	LC	VU
54	领角鸮 Otus lettia	国 II	LC	LC
55	斑头鸺鹠 Glaucidium cuculoides	国 II	LC	LC
56	戴胜 Upupa epops	省重点	LC	LC
57	蓝喉蜂虎 Merops viridis	省重点	LC	LC
58	三宝鸟 Eurystomus orientalis	省重点	LC	LC
59	大斑啄木鸟 Dendrocopos major	省重点	LC	LC
60	栗啄木鸟 Micropternus brachyurus	省重点	LC	LC
61	黄嘴栗啄木鸟 Blythipicus pyrrhotis	省重点	LC	LC
62	灰头绿啄木鸟 Picus canus	省重点	LC	LC
63	红隼 Falco tinnunculus	国 II	LC	LC
64	燕隼 Falco subbuteo	国 II	LC	LC
65	仙八色鸫 Pitta nympha	国 II	VU	VU
66	虎纹伯劳 Lanius tigrinus	省重点	LC	LC
67	红尾伯劳 Lanius cristatus	省重点	LC	LC
68	棕背伯劳 Lanius schach	省重点	LC	LC
69	短尾鸦雀 Neosuthora davidiana		LC	NT

续表

序号	物种名	保护级别	IUCN 物种红色名录	《中国生物多样性红色名录》
70	画眉 *Garrulax canorus*	省重点	LC	NT
71	红嘴相思鸟 *Leiothrix lutea*	省重点	LC	LC
72	黑头蜡嘴雀 *Eophona personata*		LC	NT
73	红颈苇鹀 *Emberiza yessoensis*		NT	NT
74	平胸龟 *Platysternon megacephalum*	省重点	EN	CR
75	乌龟 *Mauremys reevesii*		EN	EN
76	崇安草蜥 *Takydromus sylvaticus*	省重点	LC	EN
77	尖吻蝮 *Deinagkistrodon acutus*	省重点	LC	EN
78	台湾烙铁头蛇 *Ovophis makazayazaya*		NT	NT
79	短尾蝮 *Gloydius brevicaudus*		LC	NT
80	舟山眼镜蛇 *Naja atra*	省重点	VU	VU
81	银环蛇 *Bungarus multicinctus*		LC	EN
82	饰纹小头蛇 *Oligodon ornatus*		LC	NT
83	乌梢蛇 *Ptyas dhumnades*		LC	VU
84	黑眉锦蛇 *Elaphe taeniura*	省重点	LC	EN
85	王锦蛇 *Elaphe carinata*	省重点	LC	EN
86	赤链华游蛇 *Sinonatrix annularis*		LC	VU
87	乌华游蛇 *Sinonatrix percarinatus*		LC	VU
88	秉志肥螈 *Pachytriton granulosus*	省重点	LC	DD
89	中国瘰螈 *Paramesotriton chinensis*	省重点	LC	NT
90	东方蝾螈 *Cynops orientalis*	省重点	LC	NT
91	崇安髭蟾 *Leptobrachium liui*	省重点	LC	NT
92	中国雨蛙 *Hyla chinensis*	省重点	LC	LC
93	九龙棘蛙 *Quasipaa jiulongensis*	省重点	VU	VU
94	棘胸蛙 *Quasipaa spinosa*	省重点	VU	VU
95	崇安湍蛙 *Amolops chunganensis*	省重点	LC	LC
96	沼水蛙 *Hylarana guentheri*	省重点	LC	LC
97	大绿臭蛙 *Odorrana graminea*	省重点	DD	LC
98	天目臭蛙 *Odorrana tianmuii*	省重点	DD	LC
99	凹耳臭蛙 *Odorrana tormota*	省重点	VU	VU
100	黑斑侧褶蛙 *Pelophylax nigromaculatus*		NT	NT
101	布氏泛树蛙 *Polypedates braueri*	省重点	DD	LC
102	大树蛙 *Zhangixalus dennysi*	省重点	LC	LC

注："*"表示该物种历史上有记录，近期未发现。

按保护等级分析，保护区有重点保护野生动物83 种，占 81.4%，包括国家Ⅰ级重点保护野生动物6 种，其中，鸟类 2 种、兽类 4 种；国家Ⅱ级重点保护野生动物 26 种，其中，鸟类 18 种、兽类 8 种；浙江省重点保护野生动物 51 种，其中，两栖类 14 种、爬行类 6 种、鸟类 21 种、兽类 10 种。非重点保护动物 19 种，占 18.6%，包括浙江省一般保护动物 16 种，其中，两栖类 1 种、爬行类 5 种、鸟类 4 种、兽类 6 种；无保护级别的 3 种，均为爬行类。详见表 5。

表 5　仙霞岭保护区重点保护物种组成表（单位：种）

保护等级	两栖	爬行	鸟类	兽类	合计
国 I			2	4	6
国 II			18	8	26
省重点	14	6	21	10	51
省一般	1	5	4	6	16
无		3			3
合计	15	14	45	28	102

根据 2015 年环境保护部和中国科学院联合发布的《中国生物多样性红色名录——脊椎动物卷》（简称《中国生物多样性红色名录》），保护区内珍稀濒危野生动物中，极危（CR）物种 4 种，占保护区珍稀濒危野生动物的 3.0%；濒危（EN）物种有 10 种，占 9.8%；易危（VU）物种有 19 种，占 18.6%；近危（NT）物种 28 种，占 27.5%；数据缺乏（DD）1 种，占 1.0%；无危（LC）物种 40 种，占 39.2%。

根据《世界自然保护联盟濒危物种红色名录》（2018 年）（简称"IUCN 红色名录"），保护区内珍稀濒危野生动物中，濒危（EN）物种有 4 种，占保护区珍稀濒危野生动物的 3.9%；易危（VU）物种有 9 种，占 8.8%；近危（NT）物种 12 种，占 11.8%；数据缺乏（DD）3 种，占 2.9%；无危（LC）物种 74 种，占 72.6%。详见表 6。

表 6　仙霞岭保护区珍稀濒危动物受威胁程度统计表

受威胁程度		两栖/种	爬行/种	鸟类/种	兽类/种	合计 种数	合计 比例/%
CR（极危）	《中国生物多样性红色名录》	0	1	0	3	4	3.9
	IUCN 红色名录	0	0	0	0	0	0.0
EN（濒危）	《中国生物多样性红色名录》	0	6	0	4	10	9.80
	IUCN 红色名录	0	2	0	2	4	3.9
VU（易危）	《中国生物多样性红色名录》	3	4	5	7	19	18.6
	IUCN 红色名录	3	1	2	3	9	8.8
NT（近危）	《中国生物多样性红色名录》	4	3	9	12	28	27.5
	IUCN 红色名录	1	1	4	6	12	11.8

续表

受威胁程度		两栖/种	爬行/种	鸟类/种	兽类/种	合计 种数	合计 比例/%
DD（数据缺乏）	《中国生物多样性红色名录》	1	0	0	0	1	1.0
	IUCN 红色名录	3	0	0	0	3	2.9
LC（无危）	《中国生物多样性红色名录》	7	0	30	3	40	39.2
	IUCN 红色名录	8	10	39	17	74	72.6
合计	《中国生物多样性红色名录》	15	14	45	28	102	100.0
	IUCN 红色名录	15	14	45	28	102	100.0

2. 地理区系

保护区珍稀野生兽类和鸟类种有古北界种 19 种，占 26.0%；东洋界种 46 种，占 63.0%；广布种 8 种，占 11.0%。从组成上看以东洋界物种为主，古北界物种为辅，加以少部分广布种。详见表 7。

表 7　仙霞岭保护区珍稀濒危兽类和鸟类物种区系

区系	兽类 种数	兽类 比例/%	鸟类 种数	鸟类 比例/%	合计 种数	合计 比例/%
古北界	4	14.3	15	33.3	19	26.0
东洋界	24	85.7	22	48.9	46	63.0
广布种	0	0.0	8	17.8	8	11.0
合计	28	100.0	45	100.0	73	100.0

保护区珍稀两栖和爬行类物种中，东洋界分布种 7 种，占 24.1%；东洋界华中区分布种 8 种，占 27.6%；东洋界华中和华南区分布种 9 种，占 31.1%；广布种 5 种，占 17.2%。详见表 8。

表 8　仙霞岭保护区珍稀两栖和爬行类物种区系组成

区系	爬行类 种数	爬行类 比例/%	两栖类 种数	两栖类 比例/%	合计 种数	合计 比例/%
东洋界	5	35.7	2	13.3	7	24.1
东洋界华中区	1	7.1	7	46.7	8	27.6
东洋界华中和华南区	4	28.6	5	33.3	9	31.1
广布种	4	28.6	1	6.7	5	17.2
合计	14	100.0	15	100.0	29	100.0

综上可知，保护区珍稀濒危野生动物以东洋界物种占优势，同时还有部分古北界物种和广布种。分析原因可知，保护区地处浙江省西南部，在中国动物地理区划中属于东洋界中印亚界华中区，由于地处东洋界边缘，与古北界毗邻，其动物区系分界并不明显，形成了广泛的逐渐过渡趋势，古北界向东洋界渗透现象较为明显。

3. 分布类型

保护区珍稀濒危野生动物中，全北型有 7 种，占总数的 6.9%；古北型有 7 种，占总数的 6.9%；东北型有 2 种，占 2.0%；东北 - 华北型有 1 种，占 1.0%；季风型有 5 种，占 4.9%；南中国型有 31 种，占 30.3%；东洋型有 5 种，占 4.9%；广布型有 5 种，占 4.9%。可见，保护区珍稀濒危野生动物分布型以东洋型主要，其次是南中国型，这两个类型占了 73.4%。详见表 9。

表 9 仙霞岭保护区珍稀濒危动物分布型

分布型	两栖	鸟类	爬行	兽类	合计	
					种数	比例 /%
全北型	0	5	0	2	7	6.9
古北型	0	5	0	2	7	6.9
东北型	0	2	0	0	2	2
东北 - 华北型	0	1	0	0	1	1
季风型	1	1	1	2	5	4.9
南中国型	12	5	8	6	31	30.3
东洋型	2	23	5	14	44	43.1
广布型	0	3	0	2	5	4.9
合计	15	45	14	28	102	100

此外，根据居留类型划分，保护区珍稀濒危鸟类中，留鸟 23 种，占 51.1%；夏候鸟 9 种，占 20.0%；冬候鸟 11 种，占 24.4%；旅鸟 2 种，占 4.4%。可知保护区内珍稀濒危鸟类以留鸟最多，冬候鸟次之，夏候鸟第三。

二、 国家重点保护野生动物

通过科考调查与相关资料考证，保护区有国家重点保护野生动物 32 种，隶属于 11 目 16 科（表 4），

占保护区珍稀濒危野生动物总数的 31.4%；其中国家 I 级重点保护野生动物有黄腹角雉、白颈长尾雉、黑麂、云豹、金钱豹和穿山甲 6 种，国家 II 级重点保护野生动物有猕猴、藏酋猴、中华鬣羚、豺、黑熊、黄喉貂、小灵猫、金猫、勺鸡 、白鹇、小天鹅、鸳鸯、褐翅鸦鹃、凤头蜂鹰、黑冠鹃隼、林雕、蛇雕、赤腹鹰、松雀鹰、凤头鹰、黑鸢、领角鸮、斑头鸺鹠、红隼、燕隼和仙八色鸫 26 种。

国家重点保护动物中，被 IUCN 红色名录列为濒危（EN）的 2 种，易危（VU）的 5 种，近危（NT）5 种，无危（LC）20 种；被《中国生物多样性红色名录》评估为极危（CR）的 3 种，濒危（EN）的 4 种，易危（VU）的 8 种，近危（NT）的 6 种，无危（LC）的 11 种。

三、浙江省重点保护野生动物

仙霞岭保护区内有浙江省重点保护野生动物 51 种，隶属于 14 目 27 科，分别是秉志肥螈、中国瘰螈、东方蝾螈、崇安髭蟾、中国雨蛙、九龙棘蛙、棘胸蛙、崇安湍蛙、沼水蛙、大绿臭蛙、天目臭蛙、凹耳臭蛙、布氏泛树蛙、大树蛙、平胸龟、崇安草蜥、尖吻蝮、舟山眼镜蛇、黑眉锦蛇、王锦蛇、白眉山鹧鸪、赤颈鸭、绿头鸭、斑嘴鸭、绿翅鸭、普通秋沙鸭、噪鹃、大鹰鹃、四声杜鹃、戴胜、蓝喉蜂虎、三宝鸟、大斑啄木鸟、栗啄木鸟、黄嘴栗啄木鸟、灰头绿啄木鸟、虎纹伯劳、红尾伯劳、棕背伯劳、画眉、红嘴相思鸟、中国豪猪、狼、赤狐、貉、黄鼬、黄腹鼬、果子狸、食蟹獴、豹猫和毛冠鹿，占保护区珍稀濒危动物种数的 50.0%（表 4）。

浙江省重点保护动物中，被 IUCN 列为濒危（EN）的 1 种，易危（VU）的 4 种，近危（NT）的 2 种，无危（LC）的 41 种，数据缺乏（DD）的 3 种；被《中国生物多样性红色名录》评估为极危（CR）的 1 种，濒危（EN）的 4 种，易危（VU）的 7 种，近危（NT）的 10 种，无危（LC）的 28 种，数据缺乏（DD）的 1 种。

四、 其他珍稀濒危动物

保护区内珍稀濒危动物十分丰富，除上述重点

保护野生动物外，尚有 19 种珍稀濒危动物，占珍稀濒危动物种数的 18.6%。详见表4。

其中被列为 IUCN 濒危（EN）的 1 种，为乌龟；近危（NT）的 5 种，分别是黑斑侧褶蛙、山烙铁头蛇、鹌鹑、红颈苇鹀和猪獾；无危（LC）的 13 种，分别是短尾蝮、银环蛇、饰纹小头蛇、乌梢蛇、赤链华游蛇、乌华游蛇、短尾鸦雀、黑头蜡嘴雀、普氏蹄蝠、中华鼠耳蝠、亚洲狗獾、鼬獾和小麂。

《中国生物多样性红色名录——脊椎动物卷》评估等级为濒危（EN）的有 2 种，是乌龟和银环蛇；易危（VU）的 4 种，分别是乌梢蛇、赤链华游蛇、乌华游蛇和小麂；近危（NT）的 12 种，分别是黑斑侧褶蛙、山烙铁头蛇、短尾蝮、饰纹小头蛇、短尾鸦雀、黑头蜡嘴雀、红颈苇鹀、普氏蹄蝠、中华鼠耳蝠、亚洲狗獾、猪獾和鼬獾；无危（LC）等级的 1 种，为鹌鹑。

第二章

保护区珍稀濒危植物

一、蕨类植物

001 蛇足石杉 *Huperzia serrata* (Thunb.) Trevis.

石杉科 Huperziaceae 石杉属 *Huperzia*

别　　名　千层塔、蛇足草
保护级别　浙江省重点保护野生植物
濒危等级　《中国生物多样性红色名录》：濒危 (EN)
形态特征　多年生土生草本，植株高 10～30cm。茎丛生，直立或斜生，单一或二至四回二叉分枝，顶端有时有芽孢。叶螺旋状排列，略呈 4 行，疏生，有时具短柄；叶片椭圆状披针形，长 1～3cm，宽 1～8mm，先端急尖或渐尖，基部狭楔形，边缘有不规则尖锯齿，两面光滑，有光泽，中脉凸起。孢子叶与营养叶同形。孢子囊肾形，生于孢子叶的叶腋，上下均有着生，淡黄色，腋生，横裂。

地理分布　见于半坑、洪岩顶、大中坑等地，生于海拔 700～1200m 的山坡针叶林或阔叶林下。产于浙江省山区、半山区。分布于全国各地。广布于亚洲、大洋洲和中美洲。

保护价值　本种是重要的药用植物，全草入药，中药名千层塔，具清热解毒、散瘀消肿、止血生肌、麻醉镇痛等功效。临床研究表明，该种的提取物，对治疗精神分裂症及老年记忆性功能减退有显效或改善作用。本种分布虽广，但其自繁能力较弱，个体零星，植株矮小，生长缓慢，人工繁殖困难，目前药用仅靠采集野生植株，资源趋于枯竭。

002　四川石杉 *Huperzia sutchueniana*（Herter）Ching

石杉科 Huperziaceae　　石杉属 *Huperzia*

濒危等级　《中国生物多样性红色名录》：近危（NT）

形态特征　多年生土生草本，植株高 10 ～ 20cm。茎丛生，直立，老时基部仰卧，上部弯弓，斜升，单一或一至二回二叉分枝，顶端有芽孢。叶螺旋状排列，密生，近平展，基部的叶常狭楔形，边缘有不规则尖锯齿，上部的叶无柄，披针形，通直或略呈镰刀形，长 5 ～ 10mm，宽约 1mm，渐尖头，基部略较宽，边缘有疏微齿。叶干后淡绿或黄绿色，质硬，略有光泽。着生孢子囊的枝有成层现象。孢子叶与不育叶同形；孢子囊生于孢子叶的叶腋，孢子囊肾形，两端超出叶缘；孢子一形。

地理分布　见于周村、龙井坑，生于海拔 900 ～ 1200m 的山坡林下灌草丛中或苔藓层中。产于临安、淳安、桐庐、遂昌、龙泉、庆元。分布于安徽、江西、湖南、湖北、四川、重庆、贵州。

保护价值　中国特有种。全草药用，具散瘀消肿、止血生肌、消炎解毒、麻醉镇痛之效，治烫伤、无名肿痛、跌打损伤等症。临床研究表明，本种具有胆碱酯酶抑制作用，可治重症肌无力。

003 柳杉叶马尾杉 *Phlegmariurus cryptomerianus* (Maxim.) Ching ex L. B. Zhang et H. S. Kung

石杉科 Huperziaceae 马尾杉属 *Phlegmariurus*

别　　名 柳杉叶蔓石松

濒危等级 《中国生物多样性红色名录》：近危 (NT)

形态特征 多年生附生草本，植株高 20 ～ 25cm。茎簇生，直立，上部倾斜至下垂，通常三至四回二叉分枝，长约 20cm，茎粗 2 ～ 3mm，连叶宽 3 ～ 3.5cm。叶螺旋状排列，斜展而指向外；营养叶披针形，长 1.5 ～ 2.2cm，宽 1.5 ～ 2mm，先端锐尖，基部缩狭下延，无柄；叶片革质，有光泽，中脉背面隆起，干后绿色。孢子叶与营养叶同形同大，斜展而指向外，不形成明显的孢子叶穗。孢子囊生于孢子叶腋，圆肾形，两侧凸出叶缘外。

地理分布 见于龙井坑、库坑等地，附生于海拔 500 ～ 800m 的林下阴湿岩石上或苔藓丛中。产于丽水。分布于江西、台湾。印度、日本、朝鲜半岛和菲律宾也有分布。

保护价值 全草入药，有活络祛瘀、清热解毒、解表透疹的功效；可作为石杉碱甲的提取药源，用于治疗阿尔兹海默症。

二、裸子植物

004 黄山松 *Pinus taiwanensis* Hayata

松科 Pinaceae 松属 *Pinus*

别　　名　台湾松、长穗松

濒危等级　《中国生物多样性红色名录》：无危 (LC)

形态特征　常绿乔木，高达 30m，胸径 80cm。树皮深灰褐色，不规则鳞状厚块片开裂；大枝轮生，平展或斜展，老树树冠呈伞盖状或平顶；一年生小枝淡黄褐色或暗红褐色，无毛；冬芽栗褐色，卵圆形或长卵圆形，顶端尖，芽鳞先端尖，边缘薄，有细缺裂。叶 2 针一束，硬直，长 7～11(13)cm，边缘有细锯齿，两面有气孔线；树脂道 4～8 个，中生，叶鞘宿存。球果卵圆形，长 4～6cm，径 3～4cm，近无梗，熟时暗褐色或栗褐色，宿存于树上数年不脱落；鳞盾稍肥厚，隆起，近扁菱形，横脊明显，鳞脐有短刺；种子长 4～6mm，连翅长 1.1～2.1cm。子叶 7～9 枚。花期 4～5 月，球果翌年 10 月成熟。

地理分布　见于保护区各地，生于海拔 800m 以上山坡林中。产于浙江省山区。分布于台湾、福建、安徽、江西、湖南、湖北、河南。

保护价值　中国特有种。材质优于马尾松，质坚硬，耐久用，可供桥梁、矿柱、枕木、船舶、车辆、家具和建筑等用材；成年树可采松脂；枝条及针叶可作造纸原料；松针可提芳香油；松花粉可供药用或食用。为长江中下游地区海拔 700m 以上酸性土荒山的重要造林树种。

005 南方红豆杉 *Taxus wallichiana* Zucc. var. *mairei*（Lemée et H. Lév.）L. K. Fu et Nan Li

红豆杉科 Taxaceae　红豆杉属 *Taxus*

别　　名　红豆杉

保护级别　国家Ⅰ级重点保护野生植物

濒危等级　《中国生物多样性红色名录》：易危（VU）；CITES：附录Ⅱ

形态特征　常绿乔木，高达 30m。树皮赤褐色，浅纵裂；大枝开展，小枝不规则互生，一年生枝绿色或淡黄绿色。叶两列状互生；叶片线形或披针状线形，常呈弯镰状，长 1.5 ～ 4cm，宽 3 ～ 5mm，柔软，上部渐窄，先端渐尖，中脉在上面隆起，叶背中脉带淡绿或灰绿色，有 2 条淡黄绿色气孔带。种子倒卵圆形，长 6 ～ 8mm，径 4 ～ 5mm，微扁，上部较宽，呈倒卵形或椭圆形，生于红色肉质杯状的假种皮中。花期 3 ～ 4 月，种子 11 月成熟。

地理分布　见于和平、高峰、大库、龙井坑等地，散生于海拔 500 ～ 1200m 的山坡、沟谷阔叶林中。产于杭州、宁波、温州、绍兴、湖州、金华、衢州、丽水等市。分布于秦岭以南各省，东至台湾，西南至云南。

保护价值　中国特有的古老孑遗物种。边材淡黄褐色，心材红褐色，纹理美丽，结构细密，耐腐耐磨，具光泽及香气，为室内装饰、家具、工艺雕刻等的高级用材；假种皮味甜可食；种子油可供制皂或作润滑油；树姿古朴，树冠高大，形态优美，树叶浓密，秋季假种皮鲜红色，十分醒目，为优良的园林绿化树种；树皮含紫杉醇，紫杉醇对卵巢癌、肺癌等癌症都有一定的疗效。

006 榧树 *Torreya grandis* Fort. ex Lindl.

红豆杉科 Taxaceae　榧树属 *Torreya*

别　　名　草榧、小果榧、野杉
保护级别　国家Ⅱ级重点保护野生植物
濒危等级　《中国生物多样性红色名录》：无危（LC）
形态特征　常绿乔木，高 25 ～ 30m，胸径 0.6 ～ 1.5m。树皮灰褐色，不规则纵裂；一年生小枝绿色，二、三年生小枝黄绿色，小枝轮生或对生。叶两列状排列；叶片线形，通常直，坚硬，长 1.1 ～ 2cm，宽 1.5 ～ 3.5mm，先端凸尖成刺状短尖头，上面亮绿色，中脉不明显，有 2 条稍明显的纵槽，下面淡绿色，气孔带与中脉带近等宽，绿色边带较气孔带约宽 1 倍。种子椭圆形、卵圆形、倒卵形或长椭圆形，长 2.3 ～ 4.5cm，径 2.0 ～ 2.8cm，熟时假种皮淡紫褐色，有白粉，先端有小凸尖头，胚乳微皱。花期 4 月，

种子翌年 10 月成熟。
地理分布　见于龙井坑、库坑等地，散生于海拔 400 ～ 800m 的低山坡、丘陵谷地阔叶林中，保护区周边的村庄有栽培。产于湖州、杭州、绍兴、金华、丽水、台州、衢州。分布于江苏、安徽、江西、福建、湖北、湖南、四川、贵州、云南。
保护价值　中国特有种。第三纪孑遗植物，为我国珍贵的坚果树种。古籍中称之为玉榧、赤果及玉山果等，最早记于《尔雅》中。木材是建筑和家具的上等用材；假种皮可提取芳香油；种子为著名的干果——香榧，可供食用，亦可榨油。树姿优美，是良好的园林绿化树种，并可制作盆景，古朴苍劲；也可供工矿区绿化用，能适应硫化物污染的环境。

三、被子植物

007 青钱柳 *Cyclocarya paliurus* (Batal.) Iljinsk.

胡桃科 Juglandaceae 青钱柳属 *Cyclocarya*

别 名 摇钱树、青钱李

濒危等级 《中国生物多样性红色名录》：无危（LC）

形态特征 落叶大乔木，高 10 ～ 30m，胸径 80cm。幼树树皮灰色，平滑，老则灰褐色，深纵裂；冬芽裸露，有褐色腺鳞；小枝密被褐色毛，后脱落。奇数羽状复叶长 15 ～ 30cm，小叶 7 ～ 9 枚，稀达 13 枚，互生，稀近对生；叶片椭圆形或长椭圆状披针形，长 3 ～ 15cm，宽 1 ～ 6cm，先端渐尖，基部偏斜，边缘有细锯齿，叶上面中脉密被淡褐色毛及腺鳞，下面有灰色腺鳞，叶脉及脉腋有白色毛；叶轴有白色弯曲毛及褐色腺鳞。雄花序长 7 ～ 17cm，花梗长约 2mm，雌花序长 21 ～ 26cm，有花 7 ～ 10 朵，花梗长约 1mm，柱头淡绿色。坚果具圆盘状翅，翅由 2 枚小苞片发育而来，直径 2.5 ～ 6cm，柱头及花被片宿存。花期 5 ～ 6 月，果期 9 ～ 10 月。

地理分布 见于龙井坑、大坑等地，生于海拔 400 ～ 1300m 的山坡、溪谷、林缘或散生于潮湿林中。产于杭州、宁波、丽水及安吉、嵊州、开化、仙居、天台、瑞安。分布于华东、华南、华中、西南及陕西。

保护价值 中国特有种，为冰川时代孑遗物种。青钱柳树叶、树皮及其根，能杀虫止痒，有消炎、止痛、祛风之功效；嫩叶可代茶，具有降血糖、降血脂、抗氧化、抗肿瘤和抑菌等功效，青钱柳多糖与硒结合形成硒多糖，具有更好的降血糖作用；木材纹理直，结构细，材质中等，可作家具、细木、箱板、器具等用材；树木高大挺拔，枝叶美丽多姿，其果实像一串串的铜钱，迎风摇曳，具有较高的观赏价值。

008 多脉鹅耳枥 *Carpinus polyneura* Franch.

桦木科 Betulaceae 鹅耳枥属 *Carpinus*

濒危等级 《中国生物多样性红色名录》：无危（LC）
形态特征 落叶乔木，高 5～15m。树皮灰白色，光滑；小枝细，栗褐色，具皮孔，具稀疏长柔毛或近无毛，果枝密生灰褐色长柔毛。叶互生；叶片长卵状椭圆形至长卵状披针形，长 3.5～6.6cm，宽 1.6～2.6cm，先端渐尖至长渐尖，基部圆形至宽楔形，边缘具单锯齿和不明显的重锯齿，齿端尖锐，上面两侧脉中间有一带状长柔毛，下面沿中、侧脉两侧有长柔毛，脉腋有明显簇毛，密生半透明细小油点，侧脉 16～20 对；叶柄长 3～7mm，具柔毛。花序长 4～6cm，密生褐色绒毛。果苞半卵形或半椭圆形，长 0.6～1.5cm，宽 4～6mm，两面沿脉被短柔毛，外侧基部无裂片，具 4～6 不整齐锯齿，内侧直，全缘，基部微内折。坚果扁卵球形，长约 4mm，宽约 3mm，顶端有短柔毛，有肋脉 9～10 条。花期 3～4 月，果期 10～11 月。

地理分布 见于洪岩顶、龙井坑，生于海拔 400～800m 的山坡林中。产于建德、诸暨、天台、龙泉。分布于江西、福建、湖北、湖南、广东、四川、贵州、陕西。

保护价值 中国特有种。根皮入药，有活血散瘀、利尿通淋之效，可治跌打损伤、痈肿、淋证。

009 榉树 *Zelkova schneideriana* Hand.-Mazz.

榆科 Ulmaceae　榉属 *Zelkova*

别　　名　大叶榉树
保护级别　国家Ⅱ级重点保护野生植物
濒危等级　《中国生物多样性红色名录》：近危（NT）
形态特征　落叶乔木，高达 25m。一年生小枝灰色，密被灰色柔毛，冬芽卵形。叶片卵形、卵状披针形、椭圆状卵形，大小变化甚大，长 3.6～10.3（12.2）cm，宽 1.3～3.7（4.7）cm，先端渐尖，基部宽楔形或圆形，单锯齿桃尖形，具钝尖头，上面粗糙，具脱落性硬毛，下面密被淡灰色柔毛，羽状脉，侧脉 8～14 对，直伸齿尖，叶柄长 1～4mm，密被毛。花单性，雌雄同株，雄花簇生于新枝下部叶腋，雌花单生或 2～3 朵簇生于新枝上部叶腋；花萼4～5；雄蕊 4～5；子房无柄，1 室，有下垂的胚珠 1 颗，柱头 2，歪生。坚果径 2.5～4mm，有网肋，上部歪斜，无翅。花期 3～4 月，果期 10～11 月。

地理分布　见于洪岩顶、深坑、龙井坑，常散生于低海拔的阔叶林中或岩石上。产于湖州、杭州、衢州、宁波、丽水。分布于淮河流域、长江中下游及其以南地区。

保护价值　中国特有种。榉树木材致密坚硬，纹理美观，不易伸缩，耐腐力强，其老树材常带红色，故有"血榉"之称，为供造船、桥梁、车辆、家具、器械等用的上等木材；树皮含纤维46%，可供制人造棉、绳索和造纸原料；树冠广阔，树形优美，叶色季相变化丰富，春叶嫩绿，夏叶深绿，秋叶橙红，观赏价值高。作为亚热带阔叶林的重要组成树种，对地带性植被恢复和生物多样性保护具有重要意义。

010 闽北冷水花 *Pilea verrucosa* Hand.-Mazz. var. *fujianensis* C. J. Chen

荨麻科 Urticaceae　冷水花属 *Pilea*

濒危等级　《中国生物多样性红色名录》：易危（VU）

形态特征　多年生草本，高 20 ～ 100cm。根状茎横走；茎常丛生，节间中部膨大，带红色。叶近披针形，稀倒卵状长圆形，长 10 ～ 14cm，宽 2.3 ～ 4.2cm，基部渐狭，边缘具浅圆锯齿，离基三出脉，两面光滑无毛，干时变黑色，钟乳体细条形，长 0.3 ～ 0.4mm，不明显；叶柄长 1 ～ 2cm；托叶三角形，长约 1mm，宿存。雌雄异株；二歧聚伞状或聚伞圆锥状花序成对生于叶腋，雄花序长 2 ～ 5cm，雌花序紧缩成簇生状，长 0.7 ～ 2cm。雄花花被片 4 枚，卵形，几无短角状突起，雄蕊 4；雌花花被片 3 枚，近等大或中间的 1 枚较大。瘦果卵圆形，顶端偏斜，双凸镜状，长约 0.5mm，具细疣状突起。花期 4 ～ 5 月，果期 5 ～ 7 月。

地理分布　见于洪岩顶、大坑、华竹坑等地，生于溪旁阴湿处。产于杭州、衢州、丽水。分布于福建西北部。

保护价值　中国特有种。全草入药，具有清热解毒的功效。耐阴喜湿，叶大美观，可作地被及室内摆饰性植物。

011 鲜黄马兜铃 *Aristolochia hyperxantha* X. X. Zhu et J. S. Ma

马兜铃科 Aristolochiaceae 马兜铃属 *Aristolochia*

濒危等级 《中国生物多样性红色名录》：未予评估（NE）

形态特征 草质藤本。茎圆柱状，被脱落性短柔毛。叶片纸质，卵状心形、卵形或卵状披针形，下部最宽，长 3 ~ 15cm，宽 2 ~ 9cm，先端渐尖，基部心形或近耳状，两面被短柔毛，下面较密，叶脉 5 条，基出，网脉明显；叶柄长 1 ~ 5cm，被短柔毛。花单生叶腋，花梗长 1 ~ 3cm，近基部处具 1 枚小的叶状苞片；花被筒烟斗状弯曲，被疏柔毛，檐部径 1.5 ~ 2cm，微 3 裂，裂片钝三角形，亮黄色，喉部黄白色，具密集的紫红色斑块，喉孔小，径约 5mm；雄蕊 6；花柱先端 3 裂。蒴果圆柱形，长 3 ~ 4cm，径约 2cm，有 6 条翅状棱，熟时上部开裂。种子倒卵形，长 3 ~ 4mm，宽 2 ~ 3mm，背面平凸状，腹面凹入，中间具种脊。花期 5 ~ 6 月，果期 7 ~ 8 月。

地理分布 见于里东坑，生于沟谷、溪边及山坡灌丛中。产于临安、淳安、宁海、江山、天台、景宁。

保护价值 浙江特有种。本种分布区狭窄，对马兜铃属的研究有一定科学价值；花色鲜艳，可供垂直绿化。

012 金荞麦 *Fagopyrum dibotrys* (D. Don) Hara

蓼科 Polygonaceae　荞麦属 *Fagopyrum*

别　　名　野荞麦、金锁银开、天荞麦、赤地利
保护级别　国家 II 级重点保护野生植物
濒危等级　《中国生物多样性红色名录》：无危（LC）
形态特征　多年生草本。根状茎木质化，黑褐色。茎直立，高 50～100cm，多分枝，具纵棱，无毛或有时一侧沿棱被柔毛。叶互生；叶片三角形，长 4～12cm，宽 3～11cm，顶端渐尖，基部近戟形，边缘全缘，两面具乳头状突起或被柔毛；叶柄长 3～10cm；托叶鞘筒状，膜质，淡褐色，长 5～10mm，偏斜，顶端截形，无缘毛。花序伞房状，顶生或腋生；苞片卵状披针形，顶端尖，边缘膜质，长约 3mm，每苞内具 2～4 花；花梗中部具关节，与苞片近等长；花被 5 深裂，白色，花被片长椭圆形，长约 2.5mm，雄蕊 8，比花被短，花柱 3，柱头头状。瘦果宽卵形，具 3 条锐棱，长 6～8mm，黑褐色，无光泽，超出宿存花被 2～3 倍。花期 7～9 月，果期 8～10 月。

地理分布　见于飞连排、野猪浆等地，生于沟谷溪边或湿地。产于浙江省各地。分布于华东、华中、华南及西南。东南亚、南亚也有分布。

保护价值　块根供药用，具有清热解毒、排脓去瘀的功效；植物体中富含次生代谢产物黄酮和酚类物质，具有抗炎、抗氧化，抑制肿瘤细胞增殖和迁移、诱导肿瘤细胞凋亡和自噬等药理作用；茎叶可作为猪饲料。

013　**孩儿参** *Pseudostellaria heterophylla* (Miq.) Pax

石竹科 Caryophyllaceae　孩儿参属 *Pseudostellaria*

别　　名　太子参

保护级别　浙江省重点保护野生植物

濒危等级　《中国生物多样性红色名录》：无危 (LC)

形态特征　多年生草本，高 15～20cm。块根长纺锤形，肉质。茎单生，直立，近四方形，被 2 列白色短柔毛。茎下部叶片常 1～2 对，倒披针形，顶端钝尖，基部渐狭成长柄；茎端叶十字排列，叶片卵状披针形至长卵形，长 3～6cm，宽 1～3cm，先端渐尖，基部宽楔形，两面无毛或下面脉上疏生柔毛。花两性，均腋生；花梗细长，长 1～2cm；萼片 4 或 5，卵形或披针形，被短柔毛；通常无花瓣或花瓣 5，白色，倒卵形，与萼片近等长，先端 2～3 浅齿裂，基部渐狭或具极短的瓣柄；雄蕊 10；子房卵形，花柱 3。蒴果卵球形，含少数种子。种子圆肾形，黑褐色，径约 1.5mm，表面具疣状突起。花期 4～5 月，果期 5～6 月。

地理分布　见于大中坑，生于山坡疏林下或沟谷林下阴湿处。产于杭州、台州、金华、衢州。分布于东北、华北、西北及华中各地。

保护价值　重要的药用植物，中药名"太子参"，块根供药用，有健脾、补气、益血、生津等功效，临床常用于脾虚体倦，食欲不振，病后虚弱，气阴不足，自汗、口渴，肺燥干咳等症，民间常作为强壮滋补品，可作为人参乃至西洋参的代用品。

014 短萼黄连 *Coptis chinensis* Franch. var. *brevisepala* W. T. Wang et Hsiao

毛茛科 Ranunculaceae　黄连属 *Coptis*

别　　名　浙黄连

保护级别　浙江省重点保护野生植物

濒危等级　《中国生物多样性红色名录》：濒危（EN）

形态特征　多年生草本，高 10 ～ 20cm。根状茎黄色，生多数须根。叶基生；叶片坚纸质或稍带革质，具长柄，卵状三角形，宽约 10cm，3 全裂；中央裂片卵状菱形，长 3 ～ 8cm，宽 2 ～ 4cm，先端急尖，3 或 5 对羽状裂片，边缘生锐锯齿，齿端具细刺尖；侧生裂片斜卵形，较小，不等 2 深裂，叶脉两面隆起，沿脉具短柔毛。二歧或多歧聚伞花序，具花 3 ～ 8 朵；苞片披针形，羽状深裂；花小，黄绿色；萼片 5，卵状披针形，长 6.5 ～ 12.5mm；花瓣线形或线状披针形，长 5 ～ 6.5mm，中央有蜜槽；雄蕊 12 ～ 20；心皮 8 ～ 12，花柱微向外弯。蓇葖果长 6 ～ 8mm，有细梗。种子 7 ～ 8 粒，长椭圆形，长约 2mm。花期 3 ～ 4 月，果期 4 ～ 5 月。

地理分布　见于棋盘山、龙井坑、大龙岗，生于海拔 900 ～ 1200m 的沟谷溪边或山坡阴湿处。产于台州、丽水及临安、淳安、永康、文成、泰顺。分布于广东、广西、福建、安徽。

保护价值　中国特有种。短萼黄连是我国特有的珍贵药用植物，是传统的中药材，其根状茎入药，具有清热燥湿、泻火解毒之功效，具有广谱抗生素的作用，常用于治疗湿热内蒸、泄泻痢疾等，且具有抗癌、抗放射及促进细胞代谢等作用。由于长期过度采挖利用，加上生长环境的破坏及本身生长缓慢等原因，资源渐趋枯竭。

015 尖叶唐松草 *Thalictrum acutifolium* (Hand.-Mazz.) B. Boivin

毛茛科 Ranunculaceae　唐松草属 *Thalictrum*

濒危等级　《中国生物多样性红色名录》：近危（NT）

形态特征　多年生草本，植株高 25～65cm。植株全部无毛或有时叶背疏被柔毛。根肉质，胡萝卜形，粗达 4mm。茎中部以上分枝。基生叶 2～3，为二回三出复叶，小叶草质，顶生小叶有较长的柄，卵形，长 2.5～5cm，宽 1～3cm，先端急尖或钝，基部圆形、圆楔形或心形，不分裂或不明显 3 浅裂，边缘具疏牙齿，下面脉凸起；茎生叶较小，有短柄。花序稀疏，花少；花梗长 3～8mm；萼片 4，白色或带粉红色，长约 2mm，早落；心皮 6～12，有细柄，花柱极短，腹面全部离生柱头组织。瘦果扁，狭长圆形，稍不对称，长 3～4mm，宽 0.6～1mm，有 8 条细纵肋，果柄长 1～2.5mm。花期 4～7 月，果期 6～8 月。

地理分布　见于保护区各地，生于沟边、路旁、林缘及湿润草丛中。产于温州、丽水、衢州及临安、天台，分布于华东、华南、西南及湖南。

保护价值　中国特有种。根及根状茎入药，具清热、泻火、解毒之功效，常用于腹泻、痢疾、目赤肿痛、湿热黄疸。其含尖叶唐松草阿原碱，可抑制多种肿瘤细胞生长。

016 华东唐松草 *Thalictrum fortunei* S. Moore

毛茛科 Ranunculaceae　唐松草属 *Thalictrum*

濒危等级　《中国生物多样性红色名录》：近危（NT）

形态特征　多年生草本，植株高 20～60cm。全体无毛。须根末端稍增粗。茎自下部或中部分枝。叶为二至三回三出复叶，基生叶和下部茎生叶，具长柄；小叶片草质，下面粉绿色；顶生小叶片近圆形，直径 1～2cm，先端圆，基部圆形或浅心形，不明显 3 浅裂，边缘具浅圆齿，侧生小叶片斜心形，下面脉凸出，网脉明显；托叶膜质，半圆形，全裂。单歧聚伞花序，圆锥状，分枝少，具少数花；花梗丝形，长 0.6～1.6cm；萼片 4，白色或淡紫蓝色，长 3～4.5mm；心皮 3～6，子房长圆形，花柱短，直立或先端弯曲，沿腹面生柱头组织。瘦果无柄，圆柱状长圆形，长 4～5mm，有 6～8 条纵肋，宿存花柱长 1～1.2mm，顶端通常拳卷。花期 3～5 月，果期 5～7 月。

地理分布　见于龙井坑、高峰，生于海拔 300～1000m 的山坡、林下阴湿处。产于杭州、宁波、台州及诸暨、遂昌、开化。分布于江苏、江西、安徽。

保护价值　华东特有种。全草入药，具解毒消肿、明目止泻之功效，可治疗急性结膜炎、痢疾、黄疸及蛔虫等。

017 显脉野木瓜 *Stauntonia conspicua* R. H. Chang

木通科 Lardizabalaceae　野木瓜属 *Stauntonia*

濒危等级　《中国生物多样性红色名录》：无危（LC）

形态特征　常绿藤本，植物体无毛。幼茎绿色，平滑，老茎褐灰色，有椭圆形皮孔，纵裂粗糙。掌状复叶常具 3 小叶，偶有 4～5 小叶；叶柄长 4～12cm，粗壮，两端膨大；小叶厚革质，长椭圆形或卵状椭圆形，长 6.5～9.9cm，宽 2.5～4.2cm，中间小叶较大，先端钝尖，基部宽圆，边缘明显向下反卷，基部具不明显的 3～5 出脉，两面脉明显，小叶柄长 1～4cm，粗壮，中间小叶柄较两侧的长。伞房或总状花序，腋生于新枝基部，每花序有花 3～4 朵，稀单生，花序长 8～11.5cm，花梗长 1.5～4cm，纤细；花单性同株；雄花紫色，萼片 6，外轮 3 片，椭圆形，内轮 3 片，线形，雄蕊 6，花丝合生成筒状，花药离生，长 5～6mm，顶端角状附属物长 1mm，退化雄蕊 3；雌花萼片与雄花相似，退化雄蕊 6，雌蕊 3。浆果椭圆形，熟时黄色。种子宽卵形，黑色有光泽。花期 5 月，果期 10 月。

地理分布　见于高峰、洪岩顶、大龙岗等地，生于山坡路边林中。产于丽水、温州。

保护价值　浙江特有种。全株药用，有舒筋活络、镇痛排脓、解热利尿、通经导湿的作用，可用于治疗膀胱炎、风湿背痛、跌打损伤等；果味酸甜可食。

018 六角莲 *Dysosma pleiantha* (Hance) Woodson

小檗科 Berberidaceae   鬼臼属 *Dysosma*

别　　名　八角莲

保护级别　浙江省重点保护野生植物

濒危等级　《中国生物多样性红色名录》：近危（NT）

形态特征　多年生草本，高 10 ～ 30cm。根状茎粗壮，呈圆形结节，外皮棕黄色，具淡黄色须状根。茎直立，淡绿色，无毛。茎生叶常 2 片，对生；叶片盾状着生，长圆形或近圆形，长 16 ～ 33cm，宽 12 ～ 25cm，5 ～ 9 浅裂，裂片宽三角状卵形，边缘有针刺状细齿，且微向下反卷，两面无毛；叶柄长 10 ～ 28cm，无毛。花 5 ～ 8 朵排成伞形花序状，生于两茎生叶柄交叉处；花两性，辐射对称；花梗下垂，萼片 6，椭圆状长圆形至卵形，长 1 ～ 2cm，早落；花瓣 6，紫红色，长圆形至倒卵状椭圆形，长 3 ～ 4cm；雄蕊 6，花丝扁平，较花药短或近等长，花药长约 1.2cm，镰状弯曲，2 室纵裂；雌蕊 1，子房上位，1 室，花柱长约 3mm，柱头头状。浆果近球形至卵圆形，长约 3cm，直径 1 ～ 2.5cm，幼时绿色，有黑色斑点，果熟时近黑色。种子多数。花期 4 ～ 6 月，果期 7 ～ 9 月。

地理分布　见于雪岭、龙井坑、高峰等地，生于山坡林下阴湿处或阴湿沟谷草丛中。产于浙江省山区。分布于福建、安徽、江西、台湾、湖南、湖北、广东、广西、四川、河南。

保护价值　中国特有种。叶片奇特，花色艳丽，可作花境、阴湿林下地被，也可盆栽观赏；根状茎供药用，有祛瘀解毒的功效，治跌打损伤、关节酸痛、骨髓炎、毒蛇咬伤等症，民间常用于治疗毒蛇咬伤、风湿等。近年来，发现其含有鬼臼毒素等具有抗肿瘤的成分，以鬼臼毒素为前体合成的一些抗癌药物已经开发成功并用于临床。

019 八角莲 *Dysosma versipellis* (Hance) M. Cheng ex Ying

小檗科 Berberidaceae　鬼臼属 *Dysosma*

保护级别　浙江省重点保护野生植物
濒危等级　《中国生物多样性红色名录》：易危（VU）
形态特征　多年生草本，高 20 ～ 60cm。根状茎粗壮横走，有节，具刺激性香味。茎直立，淡绿色，无毛。茎生叶 1 片，有时 2 片，盾状着生；叶片圆形，直径 15 ～ 40cm，4 ～ 9 浅裂，裂片宽三角状卵圆形或卵状长圆形，长 2.5 ～ 10cm，基部宽 5 ～ 7cm，先端急尖，边缘具针刺状细齿，上面无毛，下面密被毛至无毛；叶柄长 5 ～ 15cm。花 5 ～ 8 朵或更多，排成伞形花序，着生于近叶基处；花梗细，长达 1 ～ 2cm，下弯，有白色长柔毛或无毛；萼片 6，舟状，长椭圆形，长 1.5 ～ 1.8cm，外面被脱落性长柔毛；花瓣 6，深紫红色，勺状倒卵形，长 2 ～ 2.6cm；雄蕊 6，花药与花丝近等长，药隔不明显伸出，先端圆钝；子房上位，柱头大，盾形。浆果卵形至椭圆形，长约 4cm。种子多数。花期 5 ～ 7 月，果期 7 ～ 9 月。

地理分布　见于雪岭，生于海拔 500 ～ 800m 山坡林下、溪旁阴湿处。产于丽水及安吉、临安、开化、江山、仙居。分布于华中、西南及江西、福建、广东、广西。

保护价值　中国特有种。叶片奇特，花色艳丽，可作花境、阴湿林下地被，也可盆栽观赏；根状茎供药用，治跌打损伤、半身不遂、关节酸痛、毒蛇咬伤等症。

020 三枝九叶草 *Epimedium sagittatum* (Sieb. et Zucc.) Maxim.

小檗科 Berberidaceae 淫羊藿属 *Epimedium*

别　　名	箭叶淫羊藿
保护级别	浙江省重点保护野生植物
濒危等级	《中国生物多样性红色名录》：近危（NT）

形态特征　多年生草本，高 25～50cm。根状茎粗短，结节状，质硬而多细长须根。地上茎直立，具棱脊，无毛。茎生叶 1～3，三出复叶，顶小叶片卵状披针形，长 4～20cm，宽 3～8.5cm，先端急尖至渐尖，基部心形，两侧裂片近对称；侧生小叶片箭形，基部呈不对称心形浅裂；上面无毛，下面疏生长柔毛，边缘具细刺毛状齿；总叶柄长 8～12cm，小叶柄长 4.5～8cm。圆锥花序顶生，具多花；总花梗及花梗常无毛，有时被少数腺毛；花两性，形小，径 6～8mm；外轮萼片长圆状卵形，带紫色斑点，内轮萼片卵状三角形或卵形，白色；花瓣 4，与内轮萼片近等长，棕黄色，呈囊状；雄蕊 4，花药紫褐色，花丝带紫红色；雌蕊 1，柱头近顶生，浅盘状。蓇葖果卵圆形，长约 1cm，顶端喙状。种子数粒，肾状长圆形，深褐色。花期 2～3 月，果期 3～5 月。

地理分布　见于华竹坑，生于沟谷溪边。产于湖州、杭州、金华、衢州、丽水及嵊州、天台、临海。分布于华东、华中、华南、西南、西北。日本也有分布。

保护价值　中国特有种。植株清秀，叶形奇特，可供栽培观赏；全草入药，干燥的根状茎入药，名仙灵脾，干燥的地上部分入药，名淫羊藿，具有温肾壮阳、强筋骨、祛风湿的功效，用于阳痿、不孕、尿频，肝肾不足所致筋骨痹痛、风湿拘挛麻木等症。

021 鹅掌楸 *Liriodendron chinense* (Hemsl.) Sarg.

木兰科 Magnoliaceae 鹅掌楸属 *Liriodendron*

别　　名　马褂木

保护级别　国家Ⅱ级重点保护野生植物

濒危等级　《中国生物多样性红色名录》：无危（LC）

形态特征　落叶乔木，高达 30m。树皮灰白色，浅裂；小枝粗壮，灰褐色。叶片形似马褂，长 6 ～ 16cm，先端平截或微凹，近基部具 1 对侧裂片，下面苍白色，具乳头状白粉点，无毛；叶柄长 4 ～ 14cm。花单生于枝顶，杯状，径约 5cm；花被片 9，3 轮，外轮 3 片，绿色，倒卵状椭圆形，长 4 ～ 4.7cm，宽 2.2 ～ 2.4cm，内 2 轮直立，宽倒卵形，长 4 ～ 4.5cm，宽 2 ～ 2.6cm，橙黄色，边缘色淡，基部微带淡绿色，并具大小不等的褐色斑点；雄蕊 46 ～ 53。聚合果长 4cm，带翅坚果长约 1.5cm。花期 4 ～ 5 月，果期 9 ～ 10 月。

地理分布　见于大中坑、石子排、里东坑等地，数量稀少，零星散生于海拔 700 ～ 900m 的山谷阔叶林中。产于杭州、温州、湖州、衢州、台州、丽水等市。分布于华东、华中、西南及陕西。

保护价值　中国特有的古老孑遗植物。鹅掌楸生长快，适应性广，抗性强，树干通直，木材细致、轻软，可供建筑、家具、细木工、造纸等用材。秋色叶树种，树体高大，叶形奇特，花大、色彩淡雅，为珍贵的观赏树木。

022 黄山木兰 *Magnolia cylindrica* Wils.

木兰科 Magnoliaceae　木兰属 *Magnolia*

别　名　黄山玉兰

濒危等级　《中国生物多样性红色名录》：无危（LC）

形态特征　落叶乔木，高 8～15m。树皮淡灰褐色，平滑；幼枝、叶柄被淡黄色平伏毛，2 年生枝紫褐色。叶互生；叶片纸质，倒卵形或倒卵状椭圆形，长 6～13cm，宽 3～6cm，先端钝尖或圆，上面绿色，无毛，下面灰绿色，被向前的伏贴短绢毛；叶柄长 1～2cm；托叶痕长为叶柄的 1/6～1/4。花先叶开放，无香气；花被片 9，外轮 3 片膜质，萼片状，绿色，长 1.2～1.5cm，宽约 4mm，内 2 轮白色，但花被片外面的基部均有不同程度的紫红色，匙形或倒卵形，质地厚，长 5.2～6.5cm，宽 2.5～3.5cm；花梗密被黄色绢毛。聚合果圆柱形，长 4.5～7.5cm，径 1.8～2.5cm，下垂，熟时暗红色。花期 4～5 月，果期 8～9 月。

地理分布　见于高峰，散生于海拔 900m 以上山坡阔叶林中。产于杭州、衢州、丽水、温州等地中山地带。分布于江苏南部、安徽南部、江西、福建北部。

保护价值　中国特有树种。树干通直，树形优美，花粉红色和白色相间，香艳宜人，是珍贵的园林观赏树种；花蕾入药，有润肺止咳、利尿、解毒功效；花瓣可以食用，也可提取芳香油和制香浸膏。本种野生资源稀少，应加强保护。

023 凹叶厚朴 *Magnolia officinalis* Rehd. et Wils. subsp. *biloba* (Rehd. et Wils.) Law

木兰科 Magnoliaceae　木兰属 *Magnolia*

别　　名　厚朴

保护级别　国家 II 级重点保护野生植物

濒危等级　《中国生物多样性红色名录》：无危 (LC)

形态特征　落叶乔木，高达 20m。树皮灰色，不裂，有突起圆形皮孔；小枝粗壮；顶芽大，窄卵状圆锥形，无毛。叶片大，常 7 ~ 12 枚集生于枝梢，长圆状倒卵形，长 20 ~ 30cm，宽 8 ~ 17cm，先端凹缺成 2 裂，基部楔形，全缘，上面绿色，无毛，下面灰绿色，有白粉，被平伏柔毛，侧脉 15 ~ 25 对，叶柄长 2.5 ~ 5cm，托叶痕长约为叶柄的 2/3，托叶膜质。花大，与叶同时开放，白色，径约 15cm；花梗粗短，被柔毛；花被片 9 ~ 12，肉质，外轮 3 片淡绿色，长圆状倒卵形，外有紫色斑点，其他花被片倒卵状匙形，大小不等，长 6 ~ 10cm，宽 2 ~ 5cm，雄蕊花丝短，红色。聚合果长圆状卵形，长 9 ~ 15cm，基部较窄；种子 1 ~ 2，外种皮鲜红色，肉质，内种皮坚硬，成熟时种子悬垂于蓇葖果之外。花期 4 ~ 5 月，果期 9 ~ 10 月。

地理分布　见于龙井坑、松坑口、大中坑、华竹坑、半坑、石子排、毛竹岗、大蓬、洪岩顶等地，生于海拔 500 ~ 1200m 山坡阔叶林中。产于杭州、金华、台州、丽水及安吉、嵊州、开化。分布于安徽、江西、福建、湖南、广东、广西。

保护价值　中国特有种。树皮、花、种子皆可入药，树皮"厚朴"为著名中药材，具有燥湿消痰、下气除满的功效；花、种子有明目益气功效。木材纹理直，轻软，结构细，可供建筑、板料、雕刻、乐器、细木工等用。花大美丽，具清香，可作庭园绿化树种。

024 野含笑 *Michelia skinneriana* Dunn

木兰科 Magnoliaceae　含笑属 *Michelia*

保护级别　浙江省重点保护野生植物
濒危等级　《中国生物多样性红色名录》：无危（LC）
形态特征　常绿乔木，高 5 ～ 15m。树皮灰白色，平滑，芽、幼枝、叶柄、叶下面中脉、花梗均密被褐色长柔毛。叶片革质，窄倒卵状椭圆形、倒披针形或窄椭圆形，长 5 ～ 12cm，宽 1.5 ～ 4cm，先端尾状渐尖，基部楔形，侧脉 10 ～ 13 对；叶柄长 2 ～ 4mm，托叶痕达叶柄顶端。花单生于叶腋，淡黄色，芳香；花被片 6，倒卵形，长 1.6 ～ 2cm，外轮 3 片，基部被褐色毛；雄蕊长 6 ～ 10mm；雌蕊群长约 6mm，心皮密被褐色毛，雌蕊群柄长 4 ～ 7mm，密被褐色毛。聚合果长 4 ～ 7cm，常因部分心皮不发育而弯曲，具细长的梗；蓇葖果近球形，熟时黑色，长 1 ～ 1.5cm，具短尖的喙。花期 5 ～ 6 月，果期 8 ～ 9 月。

地理分布　见于雪岭，生于海拔 800m 以下的山谷山坡杂木林中。产于开化、遂昌、龙泉、云和、永嘉、文成、泰顺。分布于江西、福建、湖南、广东、广西。
保护价值　中国特有种。花淡黄色，有清香，可作庭园绿化树种。

025　华南桂 *Cinnamomum austrosinense* H. T. Chang

樟科 Lauraceae　樟属 *Cinnamomum*

别　　名　华南樟

濒危等级　《中国生物多样性红色名录》：无危（LC）

形态特征　常绿乔木，高达 20m，胸径达 40cm。树皮灰褐色，平滑；小枝略具棱脊而稍扁，被灰褐色平伏短柔毛。叶近对生或互生；叶片薄革质或革质，椭圆形，长 14 ～ 20cm，宽 4 ～ 8cm，先端急尖至渐尖，基部钝，上面幼时被微柔毛，后脱落至无毛，下面密被平伏短柔毛，三出脉或离基三出脉，其侧脉向叶缘一侧常有 4 ～ 10 分枝，中、侧脉在上面稍突起，网脉近平行，脉距 2 ～ 3mm；叶柄长 1 ～ 1.5cm，密被灰黄色短柔毛。圆锥花序生于当年生枝叶腋，长 4.5 ～ 16cm，3 次分枝，稀疏升展；总梗长度超过花序长度的一半，密被平伏短柔毛；花黄绿色，花被裂片卵圆形，长约 2.5mm，两面密被浅灰黄色的微柔毛。果椭圆形，长 9 ～ 12mm，径 7 ～ 8mm，果托浅杯状，边缘具浅齿裂，齿端平截。花期 6 ～ 7 月，果期 10 ～ 11 月。

地理分布　见于龙井坑，生于溪边或山坡常绿阔叶林中。产于丽水、温州、台州。分布于江西、福建、广东、广西。

保护价值　中国特有种。木材结构细致，纹理直，供建筑、家具、雕刻等用；树皮及枝皮入药为桂皮的代用品；果实入药治虚寒胃痛；枝、叶、果及花梗可蒸取桂油，可作轻化工业及食品工业原料；叶研粉，可作熏香原料。

026 樟 *Cinnamomum camphora* (Linn.) J. Presl

樟科 Lauraceae　樟属 *Cinnamomum*

别　　名　香樟、樟树

保护级别　国家 II 级重点保护野生植物

濒危等级　《中国生物多样性红色名录》：无危（LC）

形态特征　常绿乔木，高达 30m，胸径达 5m。幼树树皮常绿色，光滑不裂，老时黄褐色至灰黄褐色，不规则纵裂；小枝绿色，光滑无毛。叶互生；叶片薄革质，卵形或卵状椭圆形，长 6～12cm，宽 2.5～5.5cm，先端急尖，基部宽楔形至近圆形，边缘呈微波状起伏，上面有光泽，下面常被白粉，两面无毛或下面幼时略被微柔毛，离基三出脉，近基部第 1、2 对侧脉长而显著，侧脉及支脉脉腋在上面显著隆起，在下面有明显腺窝，腺窝内常有柔毛；叶柄长 2～3cm，无毛。圆锥花序生于当年生枝叶腋，长 3.5～7cm；花淡黄绿色，长约 3mm；花梗长 1～2mm；花被裂片椭圆形，长约 2mm，外面无毛，内面密被短柔毛。果近球形，直径 6～8mm，熟时紫黑色；果托杯状，顶端平截。花期 4～5 月，果期 8～11 月。

地理分布　见于和平、东坑口等地，生于低海拔的阔叶林中或林缘。产于浙江省各地。分布于长江流域以南各地。越南、朝鲜、日本也有分布。

保护价值　木材纹理色泽美观致密，易加工，具芳香，防虫蛀，耐水湿，为造船、建筑、家具、雕刻工艺美术等珍贵用材；根、枝、木材、叶可提取樟脑、樟油，供医药、化工、防腐杀虫等用；种子可榨油，供制肥皂、润滑剂等用；树冠宽广、枝叶茂密，常栽为行道树和庭园绿化树。

027 浙江樟 *Cinnamomum japonicum* Siebold

樟科 Lauraceae　樟属 *Cinnamomum*

别　　名　天竺桂

濒危等级　《中国生物多样性红色名录》：易危（VU）

形态特征　常绿乔木，高达 15m。树皮灰褐色，有芳香及辛辣味。小枝幼时被细短柔毛，渐变无毛。叶互生或近对生，薄革质，长椭圆形、长椭圆状披针形至狭卵形，长 6～14cm，宽 1.7～5cm，先端长渐尖至尾尖，基部楔形，上面深绿色，有光泽，两面无毛，或幼时下面被微毛，后脱落，离基三出脉，侧脉在两面隆起，网脉不明显；叶柄被细柔毛。圆锥状聚伞花序生于去年生小枝叶腋，花黄绿色。果卵形至长卵形，熟时蓝黑色，微被白粉。花期 4～5 月，果期 10 月。

地理分布　见于高峰、里东坑、徐罗、雪岭等地，生于海拔 600m 以下的山坡沟谷杂木林中。产于浙江省山区。分布于江苏、安徽、江西、福建、台湾、湖北、湖南、河南。

保护价值　中国特有种。干燥树皮、枝皮可入药，也可用于烹饪佐料；树皮、枝、叶可提取芳香油供制香精；木材耐水湿，具香气，为造船、建筑、家具等用材。

028 血水草 *Eomecon chionantha* Hance

罂粟科 Papaveraceae　血水草属 *Eomecon*

别　　名　金手圈

濒危等级　《中国生物多样性红色名录》：无危（LC）

形态特征　多年生草本，高 25～65cm。全体无毛。根状茎橙黄色。叶 2～4 枚基生；叶片心形，长 5～26cm，宽 5～20cm，先端渐尖或急尖，基部深凹，边缘宽波状，上面绿色，下面灰绿色，被白粉，掌状脉 5～7 条；叶柄长 10～35cm，基部略扩大成狭鞘。花葶高 20～40cm，有花 3～5 朵，排成聚伞花序；苞片和小苞片卵状披针形，长 2～10mm；花梗直立，长 0.5～5cm。萼片 2，长 0.5～1cm，无毛；花瓣 4，白色，倒卵形，长 1～2.5cm，宽 0.7～1.8cm；花丝长 5～7mm，花药黄色，长约 3mm；子房卵形或狭卵形，长 0.5～1cm，无毛，花柱长 3～5mm，柱头 2 裂。蒴果狭椭圆形，长约 2cm，宽约 0.5cm，花柱宿存，长达 1cm。花期 3～6 月，果期 6～10 月。

地理分布　见于龙井坑、华竹坑等地，生于林下、路边阴处，常成片生长。产于衢州、丽水、温州、金华。分布于长江中下游流域及以南各省。

保护价值　中国特有种。全草入药，有小毒，具清热解毒、活血止血之功效，外用治湿疹、疮疖、无名肿毒、毒蛇咬伤、跌打损伤，内服治劳伤腰痛、肺结核咳血等症。

029 河岸阴山荠 *Yinshania rivulorum* (Dunn) Al-shehbaz et al.

十字花科 Cruciferae　阴山荠属 *Yinshania*

别　　名　河岸泡果荠

濒危等级　《中国生物多样性红色名录》：无危（LC）

形态特征　一、二年生草本，高 8 ～ 22cm，全株无毛。茎单一或丛生，常略屈曲。叶互生；叶片纸质，基生叶肾圆形或卵圆形，长 1.4 ～ 4cm，宽 1.4 ～ 2cm，叶柄长 2 ～ 6cm；茎生叶为 3 小叶，顶生小叶片卵形或菱状椭圆形，长 2 ～ 4cm，宽 1 ～ 2.5cm，小叶柄长 0.5 ～ 2.2cm，侧生小叶片椭圆形或三角状心形，长 1.8 ～ 2.5cm，宽 1 ～ 2cm，先端短渐尖，基部楔形或微心形，不对称，小叶柄长 0.2 ～ 1.2cm，叶柄长 1.5 ～ 3cm，最上部叶为单叶，心状卵形，具极短叶柄；所有小叶片均先端微缺，边缘具波状弯曲钝齿，齿中央略凹陷，具小短尖头。总状花序顶生和腋生，疏松；总花梗长 0.5 ～ 2.5cm；花梗长 3 ～ 6mm；萼片长圆形，长约 2mm；花瓣淡紫红色，长圆状倒卵形，长约 2.5mm，基部具瓣柄；子房长圆形，1 室，胚珠 12 ～ 18 颗，排成 2 行。短角果长圆形，长约 5mm，两端渐尖，顶端有宿存短花柱，长约 1mm；果梗长 4.5 ～ 6mm，在果成熟后常下倾。花果期 4 ～ 5 月。

地理分布　见于高峰，生于河岸林下或溪边阴湿处。产于临安。分布于安徽、福建、湖南、台湾。

保护价值　中国特有种。分布区十分狭窄，数量稀少，较难发现。

030 伯乐树 *Bretschneidera sinensis* Hemsl.

伯乐树科 Bretschneideraceae　伯乐树属 *Bretschneidera*

别　　名　钟萼木

保护级别　国家Ⅰ级重点保护野生植物

濒危等级　《中国生物多样性红色名录》：近危（NT）

形态特征　落叶乔木，高 10 ～ 20m。小枝稍粗壮，幼时密被棕色糠秕状短毛，后渐脱落，具淡褐色皮孔，叶痕大，半圆形；芽大，宽卵形，芽鳞红褐色。奇数羽状复叶互生，有小叶 3 ～ 15 枚；小叶对生，狭椭圆形、长圆形至长圆状披针形，长 9 ～ 20cm，宽 3.5 ～ 8cm，先端渐尖，基部楔形至宽楔形，稀近圆形，偏斜，全缘，上面黄绿色，无毛，下面粉白色，密被棕色短柔毛，叶脉两面均隆起，侧脉和细脉两面均清晰；小叶有短柄，被棕色柔毛。总状花序顶生，长约 20cm；总花梗和花梗密被棕色短柔毛；花萼钟形，长 1.2 ～ 1.7cm，外面密被棕色短柔毛；花瓣粉红色，5 枚，长约 2cm，着生于萼筒上部；雄蕊 8；子房 3 室，每室 2 颗胚珠。蒴果椭圆球形或近球形，木质，红褐色，被极短密毛，成熟时 3 瓣开裂。种子近球形。花期 4 ～ 5 月，果期 9 ～ 10 月。

地理分布　见于龙井坑、大南坑、松坑口、毛竹岗、大中坑、华竹坑、大凹里、半坑、石子排、猕猴保护小区等地，生于海拔 500 ～ 1000m 的山谷溪边或山坡下部常绿阔叶林、常绿落叶阔叶混交林中。产于衢州、金华、温州、丽水。分布于江西、福建、湖北、湖南、广东、广西、四川、贵州、云南。

保护价值　中国特有种。伯乐树起源古老、系统位置特殊，对研究被子植物的系统发育和古地理、古气候等有重要科学价值。其主干通直，材质优良，木材硬度适中，纹理美观，是优良的工艺和家具用材；幼嫩叶芽可食；粉红色花序极为艳丽，是一种优良的观赏树种。仙霞岭保护区目前发现伯乐树有 1000 余株，是浙江省最大的分布中心。

031 腺蜡瓣花 *Corylopsis glandulifera* Hemsl.

金缕梅科 Hamamelidaceae　蜡瓣花属 *Corylopsis*

别　　名　灰白蜡瓣花

濒危等级　《中国生物多样性红色名录》：近危（NT）

形态特征　落叶灌木，高 2 ～ 5m。树皮灰褐色。幼枝无毛。叶互生；叶片倒卵形，长 5 ～ 9cm，宽 3 ～ 6cm，先端急尖，基部斜心形或近圆形，边缘上半部有锯齿，齿尖刺毛状，上面绿色，无毛，下面淡绿色，被星状柔毛或至少脉上有毛，侧脉 6 ～ 8 对。总状花序生于侧枝顶端，长 3 ～ 5cm，花序轴及总花梗均无毛；鳞片近圆形，外面无毛，内面贴生丝状毛；萼筒钟状，无毛，萼齿卵形，先端钝；花瓣匙形，长 5 ～ 6cm；雄蕊 5，比花瓣略短，退化雄蕊 2 深裂，与萼筒近等长；子房无毛，花柱极短。蒴果近球形，长 6 ～ 8mm，无毛。种子亮黑色，长 4mm。花期 4 月，果期 5 ～ 8 月。

地理分布　见于大龙岗、大南坑、高峰等地，生于山坡灌丛及溪沟边。产于金华、温州、丽水及临安。分布于江西。

保护价值　中国特有种。本种花下垂，色黄而具芳香，枝叶繁茂，清丽宜人，秋叶蜡黄，具有较高的园林价值，适于庭园观赏，亦可盆栽，花枝可作瓶插材料；根皮及叶可入药。

032　**细柄半枫荷** *Semiliquidambar chingii* (Metcalfe) H. T. Chang

金缕梅科 Hamamelidaceae　半枫荷属 *Semiliquidambar*

别　　名　半枫荷

濒危等级　《中国生物多样性红色名录》：未予评估 (NE)

形态特征　常绿乔木，高 10～25m。嫩枝有柔毛，老枝秃净，有皮孔。叶聚生于枝顶；叶片薄革质，多形性，叉状 3 裂叶片阔卵形，长 7～10cm，宽 5～8cm，中央裂片卵形，长 4～5cm，两侧裂片较短，长 1.5～2cm；叉状单裂叶片不对称；不分裂的叶片椭圆形至矩圆形，长 6.5～10cm，宽 3.5～5cm；先端尖锐，基部楔形；上面深绿色，下面淡绿色，无毛；掌状三出脉在叉状叶很强直，由基部发出，在不分裂叶片上的三出脉较纤弱，离基 3～4mm；中央主脉有羽状侧脉 3～4 对，干后在上面稍突起，在下面显著突起；网脉在上下两面均显著；边缘有具腺锯齿；叶柄纤细，长 2～4.5cm；托叶线形，早落。头状果序近圆球形，直径 1.5～2cm。蒴果近球形，果序柄纤细，长 3～5cm，宿存萼齿长 1～2mm；宿存花柱长 4～6mm，先端弯曲。花期 4～5 月，果期 7～9 月。

地理分布　见于大南坑，生于山坡阔叶林中。产于浙江西南部。分布于福建、江西、广东。

保护价值　中国特有种。本种根可供药用，有祛风除湿、活血通络的功效。

033 迎春樱桃 *Cerasus discoidea* T. T. Yu et C. L. Li

蔷薇科 Rosaceae 樱属 *Cerasus*

别　　名 迎春樱

濒危等级 《中国生物多样性红色名录》：近危（NT）

形态特征 落叶小乔木，高3～6m。树皮灰白色，具大型横生皮孔；小枝紫褐色，嫩枝被疏柔毛或脱落无毛。叶互生；叶片倒卵状长圆形或长椭圆形，长4～8cm，宽1.5～3.5cm，先端骤尾尖或尾尖，基部楔形，稀近圆形，边缘有缺刻状急尖锯齿，齿端有小盘状腺体，侧脉8～10对；叶柄长5～7mm，幼时被稀疏柔毛，后脱落，顶端有1～3腺体；托叶狭带形，长5～8mm，边缘有小盘状腺体。花先叶开放，稀花叶同开，伞形花序有花2朵，稀1或3朵；总苞片褐色，倒卵状椭圆形，长3～4mm，宽2～3mm，外面无毛，内面伏生疏柔毛，先端齿裂，边缘有小头状腺体；总梗长3～10mm，被疏柔毛或无毛；苞片革质，绿色，近圆形，边缘有小盘状腺体；花梗长1～1.5cm，被稀疏柔毛；萼筒管形钟状，长4～5mm，宽2～3mm，外面被稀疏柔毛，萼片长圆形，长2～3mm，先端圆钝或有小尖头；花瓣粉红色，长椭圆形，先端2裂；雄蕊32～40；花柱无毛，柱头扩大。核果红色，直径约1cm。花期3月，果期5月。

地理分布 见于雪岭，生于海拔500～760m的山谷、溪边疏林中或灌丛中。产于杭州、湖州、金华、台州、丽水等市。分布于安徽、江西。

保护价值 中国特有种。本种早春花繁、色美，是一种极佳的观花树种；果味酸甜，可鲜食；可作樱桃之砧木。

034 铅山悬钩子 *Rubus tsangii* Merr. var. *yanshanensis* (Z. X. Yu et W. T. Ji) L. T. Lu

薔薇科 Rosaceae　悬钩子属 *Rubus*

濒危等级　《中国生物多样性红色名录》：无危 (LC)

形态特征　攀缘灌木，高 0.4 ～ 1m。枝圆柱形，稀稍有棱角，疏生皮刺。小叶通常 5 ～ 7 枚，有时 9 ～ 11 枚；小叶片披针形或卵状披针形，长 4 ～ 7cm，宽 0.8 ～ 2cm，顶端渐尖，基部圆形，上面疏生糙伏毛或无毛，下面脉上疏生腺毛，边缘有不整齐细锐锯齿或重锯齿；叶柄长 4 ～ 7cm，顶生小叶柄长约 1cm，叶柄和叶轴均无毛，疏生小皮刺；托叶披针形，无毛。花 3 ～ 5 朵成顶生伞房状花序，稀单生；花梗长 2 ～ 4cm。花直径 3 ～ 4cm；花萼无腺毛；萼片长圆状披针形或长卵状披针形，顶端长尾尖，内萼片边缘具绒毛，花时直立开展，果时常反折；花瓣长倒卵形或长圆形，白色，基部具爪；雄蕊和雌蕊均多数；子房被腺毛。果实近球形，直径达 1.5cm，红色，被腺毛。花期 4 ～ 5 月，果期 6 ～ 7 月。

地理分布　见于和平、高峰等地，生于路边草丛中。分布于江西。

保护价值　中国特有种。浙江分布新记录。味酸甜，含多种氨基酸，营养丰富，可鲜食或酿酒，制果酱、果汁。

035 黄檀 *Dalbergia hupeana* Hance

豆科 Leguminosae　黄檀属 *Dalbergia*

别　　名　檀树、不知春

濒危等级　《中国生物多样性红色名录》：近危 (NT)；
CITES：附录 II

形态特征　落叶乔木，高 10 ～ 20m。树皮暗灰色，呈条片状剥落。幼枝绿色，皮孔明显，无毛，老枝灰褐色；冬芽紫褐色，略扁平，顶端圆钝。奇数羽状复叶，有小叶 9 ～ 11 枚；小叶片近革质，长圆形或宽椭圆形，长 3 ～ 5.5cm，宽 1.5 ～ 3cm，先端圆钝或微凹，基部圆形或宽楔形，两面被平伏短柔毛或近无毛。圆锥花序顶生或生于近枝顶叶腋，长 15 ～ 20cm；总花梗近无毛，花梗及花萼被锈色柔毛；花萼钟状，5 齿裂；花冠淡紫色或黄白色，具紫色条斑；雄蕊 10；子房无毛，有 1 ～ 4 颗胚珠。荚果长圆形，长 3 ～ 9cm，宽 13 ～ 15mm，扁平，不开裂，有 1 ～ 3 粒种子。种子黑色，近肾形，长约 9mm。花期 5 ～ 6 月，果期 8 ～ 9 月。

地理分布　见于保护区各地，常生于山坡、溪沟边、路旁、林缘或疏林中。产于浙江省各山区、半山区。分布于长江流域及以南各省。

保护价值　中国特有种。木材坚重致密，可制作各种负重力和强拉力的用具及器材；根、叶入药，有清热解毒、止血消肿之功效；发芽迟，树皮奇特，枝叶扶疏，适作风景区、公园、庭园观赏；花香，是一种优良的蜜源植物，也可放养紫胶虫。

036 香港黄檀 *Dalbergia millettii* Benth.

豆科 Leguminosae　黄檀属 *Dalbergia*

濒危等级　《中国生物多样性红色名录》：无危 (LC)；
CITES：附录 II

形态特征　落叶藤本。小枝常弯曲成钩状，主干和大枝有明显纵向沟和棱，具粗壮枝刺。一回奇数羽状复叶，小叶 25 ～ 35 枚，叶轴被微毛；小叶片长圆形，长 6 ～ 16mm，宽 2.8 ～ 3.8mm，两端圆形至平截，有时先端微凹，两面无毛；小叶柄被微毛。圆锥花序腋生，长 1 ～ 1.5cm；花小，花梗短，被短柔毛；花萼钟状，5 齿裂；花冠白色，旗瓣倒卵状圆形，先端微缺，翼瓣长圆形，龙骨瓣斜长圆形，先端圆钝；雄蕊 9。荚果狭长圆形，长 3.5 ～ 5.5cm，宽 1.3 ～ 1.8cm，果瓣全部具网纹，通常具种子 1 ～ 3 粒。花期 6 ～ 7 月，果期 8 ～ 9 月。

地理分布　见于龙井坑、洪岩顶等地，生于山坡、沟谷疏林中、林缘，常攀缘于树上、岩石上。产于浙江中部以南山区。分布于江西、福建、广东、广西、湖南、四川。

保护价值　中国特有种。干可制手杖；枝叶浓密，适作风景区、公园、庭园垂直绿化观赏；叶供药用。

037　中南鱼藤 *Derris fordii* Oliv.

豆科 Leguminosae　鱼藤属 *Derris*

保护级别　浙江省重点保护野生植物

濒危等级　《中国生物多样性红色名录》：无危（LC）

形态特征　木质攀缘藤本。小枝无毛，枝髓实心。奇数羽状复叶，长 15 ～ 28cm，具小叶 5 ～ 7 枚；托叶三角形，宿存；小叶片椭圆形或卵状长圆形，长 4 ～ 12cm，宽 2 ～ 5cm，先端短尾尖或尾尖，钝头，基部圆形，两面无毛，侧脉 6 ～ 7 对；小叶柄长 4 ～ 6mm。圆锥花序腋生，总花梗及花梗均有棕色短硬毛；小苞片 2 枚，钻形，有毛；花萼钟状，萼齿 5 枚，三角形，被棕色短柔毛及红色腺点或腺条；花冠白色，长约 1cm，无毛，旗瓣有短柄，翼瓣一侧有耳，龙骨瓣与翼瓣近等长，基部有尖耳；雄蕊 10，单体；子房无柄，有黄色长柔毛。荚果长圆形，长 4 ～ 9cm，宽 1.5 ～ 2.3cm，扁平，腹缝翅宽 2 ～ 3mm，背缝翅宽不及 1mm，花柱宿存；有 1 ～ 2 粒种子。种子浅灰色，长约 1.4cm。花期 8 月，果期 11 月。

地理分布　见于龙井坑，生于沟谷溪边。产于丽水、温州、台州。分布于华东、华中、华南及西南。

保护价值　中国特有种。根、茎及叶含鱼藤酮，可毒鱼和作杀虫剂；根和茎供药用，外用可治跌打肿痛、关节痛、皮肤湿疹、疥疮等，鱼藤素具有很强的抗肿瘤作用，鱼藤素可以显著抑制结肠癌细胞系 HT-29 的生长，并能有效抑制并杀死肺癌细胞，而对人正常的细胞没有杀伤作用；可以诱导降低人白血病 HL-60 细胞的活性。

038 野大豆 *Glycine soja* Sieb. et Zucc.

豆科 Leguminosae 大豆属 *Glycine*

别　　名　劳豆

保护级别　国家Ⅱ级重点保护野生植物

濒危等级　《中国生物多样性红色名录》：无危（LC）

形态特征　一年生缠绕草本，长达 1.5m。茎细长，密被棕黄色倒向伏贴长硬毛。羽状 3 小叶，托叶宽披针形，被黄色硬毛；顶生小叶片卵形至线形，长 2.5 ～ 8cm，宽 1 ～ 3.5cm，先端急尖，基部圆形，两面密被伏毛；侧生小叶片较小，基部偏斜，小托叶狭披针形。总状花序腋生，长 2 ～ 5cm；花小，长 5 ～ 7mm；花萼钟形，密被棕黄色长硬毛，萼齿5 枚，披针状钻形，与萼筒近等长；花冠淡紫色，稀白色，旗瓣近圆形，翼瓣倒卵状长椭圆形，龙骨瓣较短，基部一侧有耳；雄蕊近单体；子房无柄，密被硬毛。荚果线形，长 1.5 ～ 3cm，宽 4 ～ 5mm，扁平，略弯曲，密被棕褐色长硬毛，成熟时 2 瓣开裂，

有 2 ～ 4 粒种子。种子黑色，椭圆形或肾形，稍扁平。花期 6 ～ 8 月，果期 9 ～ 10 月。

地理分布　见于和平、高峰、大蓬、徐罗、东坑口等地，生于路边草地或山坡荒地。产于全省各地。分布于华东、华中、华北、东北、西南。朝鲜、日本、俄罗斯也有分布。

保护价值　野大豆具有耐瘠薄、耐盐碱、抗寒、抗旱、抗病害、营养丰富、繁殖系数大等优良特性，在保存种质资源和大豆育种上具有重要的价值；其蛋白质含量高，是一种优良的饲料和绿肥；全草入药，有补气血、强壮、利尿、平肝、止汗之效，种子入药可益肾止汗。野大豆是进行大豆的起源、演化、生态和生理方面研究的良好科研材料，同时对于研究人类活动和地理环境变迁、农作物驯化史和农业文明史也具有一定的价值。

039 春花胡枝子 *Lespedeza dunnii* Schindl.

豆科 Leguminosae 胡枝子属 *Lespedeza*

濒危等级 《中国生物多样性红色名录》：近危（NT）

形态特征 落叶灌木，高 1～2m。老枝暗褐色，微具棱，幼枝密被黄色柔毛。羽状 3 小叶，叶柄长 0.7～1cm，上面有沟槽，密被黄色绢毛；托叶钻形，长约 4mm；小叶片长椭圆形或卵状椭圆形，长 1.5～4.5cm，宽 1～2cm，先端圆，常微凹，具小尖头，基部圆形，上面无毛或中脉被极疏柔毛，下面密被伏贴长粗毛，细脉在下面隆起；小叶柄长约 1mm，密被柔毛。总状花序腋生，通常较复叶短，花疏生；总花梗疏被绒毛；花萼钟状，5 深裂，上方 2 齿多少合生，萼齿线状披针形，是萼筒长的 2～3 倍；花冠紫红色，长约 1cm；子房卵状披针形，被柔毛。荚果长圆形或倒卵状长圆形，两端尖，疏被短柔毛。种子棕褐色，长圆形，长约 3.5mm，宽约 2mm，扁平。花期 4～5 月，果期 6～9 月。

地理分布 见于龙井坑、洪岩顶等地，生于海拔 500m 以下向阳山坡，溪边灌丛、石缝中。产于浙江中部以南山区。分布于安徽、福建。

保护价值 华东特有种。枝叶清秀，可作园林观赏树种；枝叶入药，具有清热解毒之功效，用于治疗急性阑尾炎。

040 花榈木 *Ormosia henryi* Prain

豆科 Leguminosae   红豆属 *Ormosia*

别　　名　花梨木、臭桶柴
保护级别　国家Ⅱ级重点保护野生植物
濒危等级　《中国生物多样性红色名录》：易危（VU）
形态特征　常绿小乔木或乔木，高达13m。树皮青灰色，光滑；幼枝密被灰黄色绒毛；裸芽。奇数羽状复叶，小叶5～9枚，叶轴密被绒毛，无托叶；小叶片革质，椭圆形、长圆状倒披针形或长椭圆状卵形，长6～17cm，宽2～8cm，先端急尖或短渐尖，基部圆或宽楔形，全缘，下面密被灰黄色毡毛状绒毛，小叶柄被绒毛。圆锥花序顶生或腋生，或总状花序腋生；总花梗、花梗及花萼均密被灰黄色绒毛；萼筒短，倒圆锥形，萼齿5枚，卵状三角形，与萼筒近等长；花冠黄白色，旗瓣有瓣柄；雄蕊10，分离；子房边缘具疏长毛，近无柄。荚果长圆形，木质，

长7～11cm，宽2～3cm，扁平稍有喙，无毛，有2～7粒种子，种子间横隔明显。种子鲜红色，椭圆形，长8～15mm，种脐较小，长约3mm。花期6～7月，果期10～11月。
地理分布　生于松坑口、东坑口等地，散生于山坡阔叶林中或林缘。产于浙江省山区、半山区。分布于华东、华中、华南、西南。
保护价值　中国特有种。本种大树心材质坚重，结构细致，花纹美丽，是高档家具、工艺雕刻和特种装饰品的优质材用树种；枝叶可供药用，主治跌打损伤、风湿性关节炎及无名肿毒，可稳定中枢神经系统，使人振奋，精神焕发；树姿优美、四季翠绿、繁花满树、荚果吐红，是亚热带地区优良的观赏树种。

041 贼小豆 *Vigna minima* (Roxb.) Ohwi et H. Ohashi

豆科 Leguminosae 豇豆属 *Vigna*

别　　名 山绿豆

保护级别 浙江省重点保护野生植物

濒危等级 《中国生物多样性红色名录》：无危（LC）

形态特征 一年生缠绕草本。茎柔弱细长，近无毛或有稀疏硬毛。羽状 3 小叶，叶柄长 2～8cm，托叶线状披针形，盾状着生；顶生小叶片卵形至线形，形状变化大，长 2～8cm，宽 0.4～3cm，先端急尖或稍钝，基部圆形或宽楔形，仅下面脉上有毛；侧生小叶片基部常偏斜，小托叶披针形。总状花序腋生，总花梗较叶柄长；小苞片线形或线状披针形，常较花萼短；花萼钟状，萼齿 5 枚，上方 2 齿合生，下方 3 齿较长；花冠黄色，旗瓣宽卵形，长 1～1.2cm，有耳及短瓣柄，翼瓣斜卵状长圆形，具耳及细瓣柄，龙骨瓣淡黄色或绿色，先端卷曲，具长距状附属体及细瓣柄；子房圆柱形，花柱顶部内侧有白色髯毛。荚果短圆柱形，长 3～5.5cm，径约 4mm，厚约 2mm，无毛，有 10 余粒种子。种子褐红色，长圆形，种脐凸起。花期 8 月，果期 10 月。

地理分布 见于高峰、大坑，生于路边草丛中。产于杭州及临海。分布于长江以南各省。日本、菲律宾也有分布。

保护价值 豇豆属遗传育种的重要种质资源。本种含有丰富的蛋白质、脂肪酸、B 族维生素、钙、镁、钾、铁和硒等营养元素，可作牧草和绿肥。

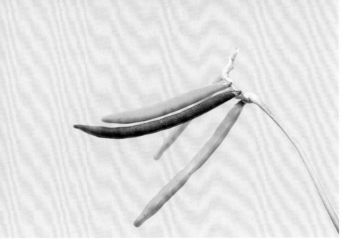

042 野豇豆 *Vigna vexillata* (Linn.) A. Rich.

豆科 Leguminosae　豇豆属 *Vigna*

保护级别　浙江省重点保护野生植物
濒危等级　《中国生物多样性红色名录》：无危（LC）
形态特征　多年生缠绕草本。主根圆柱形或圆锥形，肉质，外皮橙黄色。茎略具线纹，幼时有棕色粗毛。羽状 3 小叶，叶柄长 2～4cm，托叶狭卵形至披针形，盾状着生；顶生小叶片变化大，宽卵形、菱状卵形至披针形，长 4～8cm，宽 2～4.5cm，先端急尖至渐尖，基部圆形或近截形，两面被淡黄色糙毛，小叶柄长 1～1.2cm；侧生小叶片基部常偏斜，小叶柄极短，小托叶线形。花 2～4 朵着生在花序上部，总花梗长 8～30cm；花梗极短，被棕褐色粗毛；小苞片呈刚毛状；花萼钟状，长 8～10mm，萼齿 5 枚，披针形或狭披针形；花冠紫红色至紫褐色，旗瓣近圆形，长约 2cm，先端微凹，有短瓣柄，翼瓣弯曲，基部一侧有耳，龙骨瓣先端喙状，有短距状附属体及瓣柄；子房被毛，花柱弯曲，内侧被髯毛。荚果圆柱形，长 9～11cm，径 5～6mm，被粗毛，顶端具喙。种子黑色，长圆形或近方形，长约 4mm，有光泽。花期 8～9 月，果期 10～11 月。

地理分布　见于高峰、大坑、兰头等地，生于路边草丛中。产于浙江省各地。分布于华东、华南和西南各省。印度、斯里兰卡也有分布。

保护价值　豇豆属遗传育种的重要种质资源。根入药，具有清热解毒、消肿止痛、利咽喉的功效，用于治疗气虚、头昏乏力、子宫脱垂、淋巴结核及蛇虫咬伤等，最新研究表明其具有抗菌、降血糖、降高血压、抗乳癌、抗胃癌及降脂固醇的生理活性。

043 朵花椒 *Zanthoxylum molle* Rehder

芸香科 Rutaceae 花椒属 *Zanthoxylum*

别 名 鼓钉皮、朵椒

濒危等级 《中国生物多样性红色名录》：易危（VU）

形态特征 落叶乔木，高 4～10m。树干上有锥形鼓钉状大皮刺，树皮灰褐色；幼枝红褐色；髓部中空，有时实心。奇数羽状复叶互生，长 30～80cm，有小叶 13～19 枚；叶轴、叶柄均呈紫红色；叶柄长 10～15cm；小叶片宽卵形至卵状长圆形，长 8～14cm，宽 3.5～6.5cm，先端短骤尖，基部圆形、宽楔形或微心形，全缘或在中部以上有细小圆齿，齿缝有油点，边缘稍向下反卷，上面散生不明显油点，下面苍绿色或灰绿色，密被毡状绒毛，中脉紫红色，侧脉 12～18 对。伞房状圆锥花序顶生；总花梗被短柔毛和短刺；花单性；萼片 5，被短睫毛；花瓣白色，5 枚，长 2.5mm，与萼片两者先端均有 1 粒透明油点；雄花有雄蕊 5，药隔顶端有 1 粒深色油点；雌花有心皮 5 枚，花柱短，柱头头状。蓇葖果紫红色，具细小明显的腺点；果梗紫红色。花期 7～8 月，果期 9～10 月。

地理分布 见于高峰，生于海拔 200～700m 山坡疏林或灌木丛中。产于衢州及临安、诸暨、仙居、天台、遂昌、庆元。分布于安徽、江西、湖南、贵州。

保护价值 中国特有种。朵花椒果实可作调味料；叶含挥发油 0.1%，果含 0.45%，均可提取芳香油；叶、根、果壳、种子均可入药，有散寒燥湿、杀虫之效。

044 毛红椿 *Toona ciliata* Roem. var. *pubescens* (Franch.) Hand.-Mazz.

楝科 Meliaceae　香椿属 *Toona*

别　名　毛红楝
保护级别　国家Ⅱ级重点保护野生植物
濒危等级　《中国生物多样性红色名录》：易危（VU）
形态特征　落叶乔木，高 4 ～ 15m。小枝密被棕色柔毛，有稀疏皮孔。偶数或奇数羽状复叶，有小叶 8 ～ 16 枚，小叶互生或近对生；叶轴和叶柄被密棕色短柔毛；小叶片卵状椭圆形、椭圆形或长圆形，先端急尖或渐尖，基部圆钝，偏斜，全缘，下面被密棕色短柔毛，中脉上面微凹，下面隆起，侧脉 9 ～ 14 对；小叶柄长 5 ～ 9mm。圆锥花序顶生，与复叶等长或稍短；总花梗和花梗有毛；花萼 5 裂；花瓣白色或粉白色，5 枚，长椭圆形，有睫毛；雄蕊 5，子房 5 室，密被粗毛。蒴果深褐色，长椭圆形，有淡

褐色小皮孔，密被棕色短柔毛，成熟时 5 瓣裂开；每室有 8 ～ 10 粒种子。种子两端有翅，膜质，淡黄褐色，上端的翅短，下端的翅长。花期 3 ～ 4 月，果期 10 ～ 11 月。

地理分布　见于华竹坑、半坑等地，生于 600 ～ 800m 的沟谷阔叶林中。产于宁波、衢州、台州、温州、丽水等市。分布于江西、福建、湖北、湖南、广州、四川、贵州、云南。

保护价值　中国特有种。生长迅速，树干通直，木材结构细，纹理直，花纹美观，耐腐性较好，是很好的高档家具和装饰用材，在国际市场上享有"中国桃花心木"之美誉，具有很高的经济价值和开发前景。

045 仙霞岭大戟 *Euphorbia xianxialingensis* F. Y. Zhang, W. Y. Xie et Z. H. Chen

大戟科 Euphorbiaceae 大戟属 *Euphorbia*

濒危等级 《中国生物多样性红色名录》：未予评估（NE）

形态特征 多年生草本，高30～80cm。无主根；根状茎纤细，横走，淡褐色或褐色，具不定根，长5～15cm，直径1～4mm。茎单生或2～3丛生，不分枝，紫红色或淡紫红色，直径2～4mm，中上部被柔毛。叶互生；叶片长椭圆形或披针状椭圆形，长3～7cm，宽4～13mm，上面无毛，下面疏被长柔毛，先端圆钝或具短尖，基部宽楔形，叶缘背卷，具不规则的软骨质微齿；侧脉羽状；叶柄长0.5～3mm，下面被柔毛；总苞叶4～5枚，椭圆形或卵状椭圆形，长2.2～3.0cm，宽1.0～1.5cm，先端钝尖，基部近平截，边缘背卷，具不规则的软骨质微齿；伞幅(3)4～5，长3～6cm；苞叶2枚，肾圆形，稀卵状三角形，长1.0～1.7cm，宽1.5～2.2cm，先端常圆钝，基部近平截，边缘具不规则的软骨质微齿。花序单生于二歧分枝的顶端，基部无柄；总苞杯状，高2.7～3.3mm，直径3～4mm，边缘4裂，裂片卵状三角形，内侧密被短柔毛，腺体4，新月形，黄绿色，两端急剧收缩并延伸成长角，角纤细，刺状或线状，淡绿色或黄绿色。雄花2～4，伸出总苞外；雌花1，子房柄伸出总苞外；子房光滑无毛；花柱3，分离；柱头2裂。蒴果三棱状球状，长3.5～4.5mm，直径4.5～5.5mm，具不明显的疣状突起，成熟时分裂为3个分果爿；花柱宿存。种子长球状，长约2.7mm，直径约2.0mm，黄褐色，具不明显的圆形凹穴纹饰；种阜无柄。花果期4～7月。

地理分布 特产于江山仙霞岭保护区，生于海拔450～600m的路边草丛中。

保护价值 仙霞岭保护区特有植物。为研究大戟属组内系统分类提供重要的材料。

046 绒毛锐尖山香圆 *Turpinia arguta* (Lindl.) Seem. var. *pubescens* T. Z. Hsu

省沽油科 Staphyleaceae　山香圆属 *Turpinia*

别　　名　九节茶、梁山伯树

濒危等级　《中国生物多样性红色名录》：无危 (LC)

形态特征　常绿灌木，高 1 ～ 3m，老枝灰褐色，幼枝具灰褐色斑点。单叶，对生；叶片革质，椭圆形或长椭圆形，长 7 ～ 22cm，宽 2 ～ 6cm，先端渐尖，具尖尾，基部钝圆或宽楔形，边缘具疏锯齿，齿尖具硬腺体，侧脉 10 ～ 13 对，平行，至边缘网结，连同网脉在背面隆起，上面无毛，背面密被绒毛，沿脉尤多，叶柄长 1.2 ～ 1.8cm。顶生圆锥花序长 5 ～ 8cm，密集或较疏松，花白色，略带紫红色，长 8 ～ 10mm，花梗中部具 2 枚苞片，萼片 5，三角形，绿色，边缘具睫毛，花丝长约 6mm，疏被短柔毛，子房及花柱均被柔毛。果近球形，径 12 ～ 15mm，熟时红色，表面粗糙，先端具小尖头。

地理分布　见于龙井坑，生于山谷溪边林中。分布于安徽、湖北、湖南、江西、福建、广东、广西、贵州。浙江省新记录植物。

保护价值　中国特有种。叶供药用，可治咽喉炎、扁桃体炎等症；花色艳丽，可供园林观赏。

047 阔叶槭 *Acer amplum* Rehder.

槭树科 Aceraceae　槭属 *Acer*

濒危等级　《中国生物多样性红色名录》：近危（NT）

形态特征　落叶乔木，高 10～20m。树皮黄褐色或灰褐色，平滑。小枝圆柱形，无毛，当年生枝绿色或紫绿色，多年生枝黄绿色或黄褐色，具黄色皮孔。叶对生；叶片纸质，长 9～16cm，宽 10～18cm，基部截形至近心形，常 5 裂，稀 3 裂或不分裂，裂片先端锐尖，裂片中间的凹缺钝形或钝尖，上面嫩时有稀疏的腺体，下面中脉与侧脉间的脉腋有黄色丛毛，叶柄长 6～10cm，无毛或嫩时稍有短柔毛，具乳汁。伞房花序顶生，无毛，总花梗长 2～4mm；花杂性，雄花与两性花同株；花梗细瘦，无毛；萼片 5，淡绿色，无毛；花瓣 5，白色；雄蕊 8，生于花盘内侧；子房有腺体。翅果长 3.5～4.5cm，幼时紫色，成熟后黄褐色，小坚果压扁状，两翅张开成钝角。花期 4 月，果期 9～11 月。

地理分布　见于洪岩顶，生于海拔 700～950m 的山谷或山坡林中。产于杭州、衢州、丽水、金华及天台。分布于江西、安徽、湖北、四川、云南、贵州、湖南、广东。

保护价值　中国特有种。叶大荫浓，叶形奇特美丽，叶片入秋后变为红色或黄色，极具观赏性，适宜作行道树和庭园树。

048 两色冻绿 *Rhamnus crenata* Sieb. et Zucc. var. *discolor* Rehder

鼠李科 Rhamnaceae　鼠李属 *Rhamnus*

濒危等级　《中国生物多样性红色名录》：近危（NT）
形态特征　灌木或小乔木，高达 7m。幼枝带红色，被毛，枝端有密被锈色柔毛的裸芽。叶互生；叶片长椭圆形，长 6～12cm，宽 2.5～4.5cm，先端突尖至长渐尖，基部楔形至圆形，边缘具圆齿状齿或钝锯齿，下面密被灰白色长柔毛，侧脉 8～12；叶柄 4～10mm，托叶线形，密被柔毛。腋生聚伞花序，花序梗长 4～15mm，被毛；萼片与萼筒等长，外被疏毛；花瓣近圆形；雄蕊与花瓣等长而短于萼片；子房球形，无毛，3 室，每室具 1 枚胚珠，花柱不分裂。核果球形，成熟时紫黑色，直径 6～7mm，具 3 粒分核，各具 1 粒种子，种子无沟。花期 5～8 月，果期 8～10 月。

地理分布　见于洪岩顶，生于海拔 900～1200m 山地的林下。产于龙泉、庆元、景宁。

保护价值　浙江特有种。根有毒，民间常用根、皮煎水或醋浸洗治顽癣或疥疮；根和果实可作黄色染料。

049 三叶崖爬藤 *Tetrastigma hemsleyanum* Diels et Gilg

葡萄科 Vitaceae　崖爬藤属 *Tetrastigma*

别　　名　三叶青、金线吊葫芦、丝线吊金钟
保护级别　浙江省重点保护野生植物
濒危等级　《中国生物多样性红色名录》：无危（LC）
形态特征　多年生常绿草质蔓生藤本。块根卵形或椭圆形，表面深棕色，里面白色。茎无毛，下部节上生根；卷须不分枝，与叶对生。掌状复叶互生，有小叶3，中间小叶片稍大，近卵形或披针形，长3～7cm，宽1.2～2.5cm，先端渐尖，有小尖头，边缘疏生小锯齿，侧生小叶片基部偏斜，无毛或变无毛，侧脉5～7对；叶柄长1.3～3.5cm。聚伞花序生于当年新枝上，总花梗短于叶柄；花小，黄绿色；花梗长2～2.5cm，有短硬毛；花萼杯状，4裂；

花瓣4，近卵形；花盘明显，有齿，与子房合生；子房2室，柱头4裂，星状展开。浆果球形，直径约6mm，熟时红色转黑色。种子1粒。花期4～5月，果期7～8月。

地理分布　见于挑米坑、华竹坑、半坑、交溪口等地，生于阴湿的岩石上或阔叶林下、林缘。产于浙江省山区。分布于华东、华中、华南及西南各省。

保护价值　中国特有种。块根入药，具有清热解毒、活血止痛、祛风化痰的功效，治疗高热惊厥、肺炎、哮喘、肝炎、风湿、咽痛、痈疔疮疖及恶性肿瘤等症，现代研究发现其提取物在治疗肺癌、胃癌、肝癌、乙肝、抗炎、镇痛、解热等方面有一定的疗效。

050 长叶猕猴桃 *Actinidia hemsleyana* Dunn

猕猴桃科 Actinidiaceae　猕猴桃属 *Actinidia*

别　名　粗齿猕猴桃

濒危等级　《中国生物多样性红色名录》：易危（VU）

形态特征　落叶大藤本。枝、叶柄和叶片下面中脉通常有红棕色或黑褐色刚毛，有时变无毛；芽或小枝基部常有一丛棕色长柔毛；髓褐色，片层状。叶互生；叶片纸质，卵状椭圆形、宽卵圆形、长圆状披针形或倒披针形，长 5 ～ 18.5cm，宽 3 ～ 11.5cm，先端短尖或钝，基部楔形或圆形，两侧常不对称，边缘具稀疏突尖状小齿，或上部具波状粗齿，上面淡绿色，下面绿色至淡绿色，被白粉；叶柄长 1 ～ 4cm。聚伞花序 1 ～ 3 花，总花梗长 5 ～ 10mm；苞片钻形，密被黄褐色短绒毛；花绿白色至淡红色，直径达 16mm；花梗长 8 ～ 12mm，萼片 5，与花梗均密被黄褐色绒毛；花瓣 5，无毛；雄蕊、子房均密被黄色长糙毛。果长圆状圆柱形，长 2.5 ～ 3cm，幼时密被黄色长柔毛，成熟时毛逐渐脱落，有多数疣状斑点，基部具宿存、反折的萼片。花期 5 ～ 6 月，果期 7 ～ 9 月。

地理分布　见于洪岩顶、龙井坑、半坑、里东坑、徐罗等地，生于海拔 400 ～ 900m 的山地水沟边及山坡林下。产于丽水、温州。分布于福建、江西。

保护价值　华东特有种。果实富含维生素、氨基酸和微量元素，可鲜食、酿酒、制作果脯等，并具有清热解毒、祛风除湿之功效；民间常用根治疖肿及试治癌症。可作公园、庭园垂直绿化美化树种。

051 小叶猕猴桃 *Actinidia lanceolata* Dunn

猕猴桃科 Actinidiaceae　猕猴桃属 *Actinidia*

别　　名　绳梨

濒危等级　《中国生物多样性红色名录》：易危（VU）

形态特征　落叶藤本。小枝及叶柄密被棕褐色短绒毛，皮孔可见，老枝灰黑色，无毛；髓褐色，片层状。叶互生；叶片纸质，披针形、倒披针形至卵状披针形，长 3.5～12cm，宽 2～4cm，先端短尖至渐尖，基部楔形至圆钝，上面无毛或被粉末状毛，下面密被极短的灰白色或褐色星状毛，稀无毛，侧脉 5～6 对，横脉明显；叶柄长 8～20mm。聚伞花序有 3～7 朵花；总花梗长 3～10mm，苞片小，钻形，与总花梗均密被锈褐色绒毛；花淡绿色，稀白色或黄白色，直径 8mm；萼片 3～4，被锈色短绒毛；花瓣 5；雄蕊多数；子房密被短绒毛。果小，卵球形，长 5～10mm，熟时褐色，有明显斑点，基部具宿存、反折的萼片。花期 5～6 月，果期 10～11 月。

地理分布　见于保护区各地，生于海拔 200～700m 的山坡或山沟林下灌丛中。产于浙江省山区。分布于安徽、江西、福建、湖南、广东。

保护价值　中国特有种。果实富含维生素、氨基酸和微量元素，可鲜食、酿酒、制作果脯等。其嫩叶色彩多样，果型小巧精致，可作为公园、庭园垂直绿化美化树种。

052 安息香猕猴桃 *Actinidia styracifolia* C. F. Liang

猕猴桃科 Actinidiaceae 猕猴桃属 *Actinidia*

濒危等级 《中国生物多样性红色名录》：易危（VU）

形态特征 落叶藤本。幼枝密被黄褐色短绒毛，老枝变无毛或残存白色皮屑状短绒毛，皮孔不明显；髓白色，片层状。叶互生；叶片纸质，椭圆状卵形或倒卵形，长 6 ～ 11.5cm，宽 4.5 ～ 6.5cm，先端急尖至短渐尖，基部宽楔形，边缘具突尖状小齿，上面幼时生短糙伏毛，下面密被灰白色星状短绒毛，脉上的毛淡褐色，侧脉通常 7 对，横脉和网状小脉均明显；叶柄长 12 ～ 20mm，密被黄褐色短绒毛。聚伞花序二回分歧，有花 5 ～ 7 朵；总花梗长 4 ～ 8mm，苞片钻形，与总花梗均密被黄褐色短绒毛；雄花橙黄色，直径 8 ～ 10mm；萼片通常 2 ～ 3，外侧密被黄褐色短绒毛，内侧毛被稀疏；花瓣 5，长圆形或长圆状倒卵形。果圆柱形，长 2 ～ 3cm。花期 5 月，果期 9 ～ 10 月。

地理分布 见于高峰，生于低海拔沟谷溪边灌丛中。产于庆元、缙云。分布于福建、湖南。

保护价值 中国特有种。本种茎、叶入药，具清热解毒、除湿、消肿止痛之功效，用于咽喉痛、泄泻，外用于痈疮痛；果实风味独特、营养丰富，可鲜食、酿酒、制作果脯等；可作为公园、庭园垂直绿化美化树种。

053 对萼猕猴桃 *Actinidia valvata* Dunn

猕猴桃科 Actinidiaceae　猕猴桃属 *Actinidia*

别　　名　镊合猕猴桃

濒危等级　《中国生物多样性红色名录》：近危（NT）

形态特征　落叶藤本。着花小枝淡绿色，无毛或有微柔毛，皮孔不明显，老枝紫褐色，有细小白色皮孔；髓白色，实心，有时片层状。叶互生；叶片纸质或膜质，长卵形至椭圆形，长 3.5 ～ 10cm，宽3 ～ 6cm，先端短渐尖或渐尖，基部楔形或截圆形，稀下延，边缘有细锯齿至粗大的重锯齿，上面绿色，下面淡绿色，有时上部或全部变淡黄色斑块，两面均无毛；叶柄淡红色，无毛，长 1.5 ～ 2cm。花序具 (1)2 ～ 3 朵花，总花梗长 0.5 ～ 1cm；苞片钻形；花白色，芳香，直径 1.5 ～ 2cm；萼片 2 ～ 3，

镊合状排列；花瓣 5 ～ 9，倒卵圆形，先端钝。果卵球形或长圆状圆柱形，长 2 ～ 2.5cm，无毛，无斑点，顶端有尖喙，基部有反折的宿存萼片，成熟时黄色或橘红色，具辣味。花期 5 月，果期10 月。

地理分布　见于龙井坑、洪岩顶等地，生于海拔300 ～ 1000m 的山沟边，岩隙旁或林下灌丛中。产于临安、余姚、庆元、婺城。分布于江苏、安徽、江西、湖北、湖南。

保护价值　中国特有种。本种根供药用，有散瘀化结之效，能治消化系统疾病；叶常具淡黄色斑块，可作为公园、庭园垂直绿化美化树种。

054 浙江红山茶 *Camellia chekiangoleosa* Hu

山茶科 Theaceae　山茶属 *Camellia*

别　　名　红花油茶、浙江红花油茶
濒危等级　《中国生物多样性红色名录》：无危（LC）
形态特征　常绿灌木至小乔木，高 3～7m。小枝灰褐色至灰白色。叶互生；叶片厚革质，长圆形、倒卵状椭圆形至倒卵形，长 8～12cm，宽 2.5～6cm，先端多少急尖或渐尖，基部楔形或宽楔形，边缘具较疏的细尖锯齿，有时中部以下全缘；叶柄长 1～1.5cm，无毛。花单生于枝顶，红色至淡红色，直径 8～12cm，无梗；苞片及萼片共 11～16，较大者长 1.8～2.3cm，密生白色绒状丝质毛，花瓣 6～8，通常倒卵圆形至近圆形，基部合生，先端常 2 裂，裂口最深可达 0.5～1cm，裂片常互相覆叠，外面数片外方中央有绢毛；雄蕊多至 220～300，无毛，花丝黄色，外轮花丝下部结合，除与花冠合生部分外再向上连生成长 1～3mm 的短筒；子房及花柱无毛，花柱上部 3～5 裂。蒴果木质，通常圆形或卵圆形，直径 4～7.5cm，基部具宿存苞片及萼片，果瓣厚，每室含 3～8 粒不规则褐色种子。花期 10 月至翌年 4 月，果期 9 月。

地理分布　见于洪岩顶、龙井坑等地，多生于海拔 600～1200m 的山坡、谷地林中或林缘。产于衢州、金华、丽水、温州。分布于安徽、江西、福建、湖南。

保护价值　中国特有种。本种种子含油量为 28%～35%，油可供食用及工业用，果壳可提制栲胶，烧后可制碱及活性炭等；耐寒性强，花大而艳丽，果实如苹果，是一种优良观赏花木。

055 红淡比 *Cleyera japonica* Thunb.

山茶科 Theaceae　红淡比属 *Cleyera*

别　　名　杨桐

保护级别　浙江省重点保护野生植物

濒危等级　《中国生物多样性红色名录》：无危（LC）

形态特征　灌木或小乔木，高2～9m，全株除花外其余无毛。嫩枝褐色，具2棱，老枝灰褐色，圆柱形，顶芽显著，长1～1.5cm。叶互生；叶片革质，通常椭圆形或倒卵形，长5～11cm，宽2～5cm，先端急短钝尖至钝渐尖，基部楔形，全缘，上面深绿色，有光泽，下面淡绿色；叶柄长5～10mm。花白色，单生或2～3朵生于叶腋，直径6mm；苞片2，微小；萼片5，圆形，长3mm，有睫毛；花瓣5，长约8mm；雄蕊约25，花药卵状椭圆形，

有透明的刺毛；子房无毛，花柱长约8mm，顶端2浅裂。浆果球形，黑色，直径7～9mm，果梗长1～2cm。种子多数，扁圆形。花期6～7月，果期9～10月。

地理分布　见于华竹坑、龙井坑等地，生于山坡阔叶林中。产于浙江省山区、半山区。分布于长江以南各省。日本、朝鲜、缅甸、印度也有分布。

保护价值　红淡比具有良好的抗火性和抗癌活性，其切枝是日本传统的敬神祭祖的材料，每年日本的总需求量超过3亿束，而我国是日本红淡比的主要进口国，占70%左右。由于市场需求量巨大，野生资源被大量破坏。

056 亮毛堇菜 *Viola lucens* W. Becker

堇菜科 Violaceae　堇菜属 *Viola*

濒危等级　《中国生物多样性红色名录》：濒危（EN）

形态特征　多年生低矮小草本，高 5 ～ 7cm，全体被白色长柔毛。根状茎垂直，密生结节，生多条细根。无地上茎，具匍匐枝。叶基生，莲座状；叶长圆状卵形或长圆形，长 1 ～ 3cm，宽 0.5 ～ 1.3cm，先端钝，基部心形或圆形，边缘具圆齿，两面密生白色状长柔毛；叶柄细弱，长短不等，长 0.2 ～ 2.5cm，密被长柔毛；托叶褐色，披针形，边缘具流苏状齿。花淡紫色；花梗细弱，远高出叶丛，长 3 ～ 4cm，疏生细毛，在中部以上有 2 枚对生的线形小苞片；萼片狭披针形，长 2.5 ～ 3mm，宽约 1mm，狭膜质缘，基部附属物短，长约 0.5mm；上方及侧方花瓣倒卵形，长 1.0 ～ 1.1cm，下方花瓣船状，连距长 9mm，距长 1 ～ 1.5mm；子房球形，花柱棍棒状，基部膝曲，顶部增粗，柱头先端具短喙。蒴果卵圆形，长 0.5cm，无毛。花期 3 ～ 4 月，果期 5 ～ 7 月。

地理分布　见于高峰，生于沟谷溪边或岩石上。产于庆元、龙泉、泰顺。分布于江西、福建、广东、四川、贵州。

保护价值　中国特有种。本种全草入药，具止痛消炎、清热解毒的功效；可作为地被或盆栽观赏。

057 吴茱萸五加 *Gamblea ciliata* C. B. Clarke var. *evodiifolia* (Franch.) C. B. Shang, Lowry et Frodin

五加科 Araliaceae　萸叶五加属 *Gamblea*

别　名　树三加

濒危等级　《中国生物多样性红色名录》：易危（VU）

形态特征　落叶灌木或小乔木，高 2～10m。树皮灰白至灰褐色，平滑；小枝暗灰色，具长、短枝。掌状复叶，在长枝上互生，在短枝上簇生，叶柄长 3.5～8cm；小叶 3；小叶片卵形、卵状椭圆形或长椭圆状披针形，长 6～12cm，宽 2.8～8cm，先端短渐尖或长渐尖，基部楔形，两侧小叶片基部歪斜，上面无毛，下面脉腋具簇毛，后渐脱落，侧脉 5～7 对，与网状脉均明显；小叶无柄或具短柄。伞形花序常数个簇生或排列成总状，稀单生；总花梗长 2～8cm，无毛；苞片膜质，线状披针形；花梗长 0.5～1.5cm；花萼几全缘，无毛；花瓣 4，长卵形，绿色，反曲；雄蕊 4；子房 2～4 室，花柱 2～4，仅基部合生。果近球形，径 5～7mm，具 2～4 条浅棱，成熟时黑色。花期 5 月，果期 9 月。

地理分布　见于大龙岗，生于海拔 1000～1500m 的山岗岩石上或林中。产于浙江省山区。分布于长江流域及以南各省。

保护价值　中国特有种。本种根皮入药，具祛风利湿、强筋骨、解毒消痛、清热泻火之效。其树形优美，花型、果型、叶型、叶色奇特，观赏期长，极具园林观赏价值，是优良的园林景观绿化树种。且材质轻软，纹理直，干缩小，常作为火柴或包装用材。

058 福参 *Angelica morii* Hayata

伞形科 Umbelliferae　当归属 *Angelica*

别　　名　建人参、土当归、天池参

濒危等级　《中国生物多样性红色名录》：近危（NT）

形态特征　多年生草本，高 50 ～ 100cm，全体无毛。根圆锥形，歪斜，有分枝，棕褐色。茎直立，上部分枝，有细沟纹。基生叶及茎生叶叶柄基部膨大成长管状的叶鞘，抱茎，叶片二回三出式羽状分裂，有 3 ～ 5 羽片，末回裂片卵形至卵状披针形，长 1.5 ～ 3.5cm，宽 1 ～ 2.5cm，常 3 浅裂至 3 深裂，边缘有缺刻状锯齿，齿端尖，有缘毛；茎顶部叶简化成宽大的叶鞘。复伞形花序顶生和侧生；总苞片无或少数，伞辐 10 ～ 20；小总苞片 5 ～ 8，线状披针形，有短毛；花瓣黄白色，长卵形，先端内弯，有 1 明显中脉。果实长卵形，长 4 ～ 5mm，宽 3 ～ 4mm，背棱线形，侧棱翅状，狭于果体；棱槽中有油管 1 条，合生面有油管 2 ～ 4 条。花果期 4 ～ 7 月。

地理分布　见于龙井坑、高峰、和平等地，生于山谷、溪沟、石缝内。产于衢江、龙泉、洞头。分布于福建、台湾。

保护价值　中国特有种。本种根入药，用于脾虚泄泻、虚寒咳嗽、蛇咬伤、肿胀等症；其含有北美芹素成分，对冠心病、心绞痛有特效，具有开发价值。

059 银钟花 *Halesia macgregorii* Chun

安息香科 Styracaceae 银钟花属 *Halesia*

别　　名 白吊钟海棠、白灯笼花

保护级别 浙江省重点保护野生植物

濒危等级 《中国生物多样性红色名录》：近危（NT）

形态特征 落叶乔木，高 6～15m。树皮灰白色，光滑；小枝紫褐色，后变灰褐色。叶互生；叶片椭圆状长圆形至椭圆形，长 6～10cm，宽 2.5～4cm，先端渐尖，基部钝或宽楔形，边缘具细齿，上面无毛，下面脉腋有簇毛，侧脉每边 10～24 条；叶柄长 7～15mm。总状花序短缩，似簇生于去年生小枝叶腋内，下垂而有清香；花萼筒倒圆锥形，具 4 裂齿；花冠白色，宽钟形，裂片 4，倒卵状椭圆形，长约 9mm；雄蕊 8，花丝基部 1/5 处合生，与花柱均伸出花冠之外，子房下位。果为干核果，椭圆形，长 2.5～3cm，具 4 条宽纵翅，顶端有宿存花柱。花期 4 月，果期 7～10 月。

地理分布 见于半坑、龙井坑、华竹坑等地，生于海拔 700～900m 的沟谷、山坡阔叶林中，呈零星散生状态。产于衢江、天台、遂昌、龙泉、文成、泰顺。分布于江西、福建、湖南、广东、广西。

保护价值 中国特有种。银钟花属间断分布于我国和北美，对研究我国和北美植物区系间的联系有一定的科学价值；秋色叶树种，树干通直，枝叶扶疏，花洁白、美丽芬芳，果形奇特，适作风景区、公园、庭园绿化观赏树种。

060 浙赣车前紫草 *Sinojohnstonia chekiangensis* (Migo) W. T. Wang

紫草科 Boraginaceae　车前紫草属 *Sinojohnstonia*

濒危等级　《中国生物多样性红色名录》：无危（LC）

形态特征　多年生草本。根状茎短，无走茎。茎高 10～15cm，与叶柄均被倒向糙伏毛。基生叶数片，有长柄，叶柄长 10～18cm；叶片心状卵形，长 3～12cm，宽 1.5～9cm，先端渐尖，基部心形，全缘，两面密生糙伏毛；茎生叶少数，叶片较小。花序长 2～3cm；花梗长 3～4mm；花萼 5 深裂，裂片披针状线形，果期常增大，具毛；花冠白或淡紫色，钟状管形，长 9～9.5mm，裂片卵形，长 3～4mm，喉部有 5 梯形鳞片；雄蕊 5，花丝长约 2mm，稍伸出花冠外；子房 4 深裂，花柱基生，柱头 2 浅裂。小坚果 4，五面体形，长约 3mm，背面有碗状突起，口部偏斜，边缘延伸成狭翅。花果期 4～5 月。

地理分布　见于洪岩顶、高峰等地，生于山坡路旁草丛中、山谷溪边及林下阴湿处，海拔可达 1100m。产于安吉、临安、淳安、衢江。分布于福建、江西、湖南、山西、陕西。

保护价值　中国特有种。其花白色，美观，可培育为观赏性植物。

061 出蕊四轮香 *Hanceola exserta* Y. Z. Sun

唇形科 Labiatae　四轮香属 *Hanceola*

别　　名　出蕊汉史草

濒危等级　《中国生物多样性红色名录》：近危 (NT)

形态特征　多年生草本，高 30 ～ 100cm。具匍匐根茎。茎平卧上升，有时基部节上生须根，钝四棱形，具槽，幼时密被短细毛。叶对生；叶片卵形至披针形，长 2 ～ 9cm，宽 0.7 ～ 4.5cm，先端急尖或渐尖，基部渐狭下延至柄，边缘具锐锯齿，齿端具硬尖，两面脉上有微柔毛，下面常带紫色，散布淡黄色小腺点；叶柄长 0.5 ～ 5cm，具翅，有细毛。聚伞花序 1 ～ 3 朵花，排列成顶生总状花序；总花梗长 3 ～ 10mm；苞片披针形或线形，边缘具齿及缘毛；花萼长达 3mm，萼齿三角形；花冠蓝紫色或淡紫红色，漏斗状管形，长 2 ～ 2.5cm，花冠筒直，长 1.6 ～ 1.9cm，下唇较长，平展，裂片椭圆形；雄蕊伸出，前对较长，花丝两侧多少有微柔毛；花柱与花冠等长或稍长。小坚果卵圆形，长约 2mm，黄褐色。花期 9 ～ 10 月，果期 10 ～ 11 月。

地理分布　见于龙井坑、高峰等地，生于海拔 400 ～ 600m 的山谷溪边阴湿处及林下草丛中。产于丽水、温州、金华及开化、衢江、仙居。分布于江西、福建、湖南、广东。

保护价值　中国特有种。花色艳丽，可作花境植物。

062 云和假糙苏 *Paraphlomis lancidentata* S. C. Sun

唇形科 Labiatae   假糙苏属 *Paraphlomis*

濒危等级   《中国生物多样性红色名录》：近危（NT）
形态特征   多年生直立草本，高 20～50cm。茎单一，不分枝，四棱形，具深沟槽，上部有微柔毛。叶对生；叶片宽披针形至披针形，长 6.5～16cm，宽 2～5cm，先端长渐尖，基部楔形，下延至叶柄，上面疏生长硬毛，下面脉上有极短细柔毛，边缘具牙齿状锯齿；叶柄长 1～4cm。轮伞花序腋生；花萼管形，长 8～9.5mm，外面生微柔毛或近无毛，具明显 10 脉，萼齿披针状三角形，先端尖锐；花冠淡黄色，长 16～19.5mm，外面密被长柔毛，花冠筒内面下部有毛环，上唇长圆形，长 5～6mm，全缘，下唇宽倒卵形，长 5～6mm，中裂片倒心形，长约 3mm，先端微凹，侧裂片卵形，全缘；雄蕊均上升至上唇下，花丝疏生柔毛，药室略叉开；花柱与后对雄蕊等长，内藏。小坚果倒卵状三棱形，长约 2mm，顶端平截，基部楔形，黑褐色。花期 6 月，果期 7 月。

地理分布   见于洪岩顶、高峰等地，生于阴坡上及沟边林下、湿草地上。产于龙泉、云和、景宁。

保护价值   浙江特有种。本种分布区狭窄，数量稀少，对于唇形科的系统发育具有一定的研究价值。

063 广西地海椒 *Physaliastrum chamaesarachoides* (Makino) Makino

茄科 Solanaceae　散血丹属 *Physaliastrum*

别　　名　日本地海椒

濒危等级　《中国生物多样性红色名录》：易危（VU）

形态特征　直立灌木，高 0.5 ～ 1.5m。幼嫩部分有疏柔毛，不久变成无毛。茎二歧分枝；枝条略粗壮，多曲折。叶互生；叶片草质，阔椭圆形或卵形，长 3 ～ 7cm，宽 2 ～ 4cm，顶端短渐尖，基部歪斜、圆或阔楔形，变狭而成长 0.5 ～ 1cm 的叶柄，边缘有少数牙齿，稀全缘而呈波状，两面几乎无毛，侧脉 5 ～ 6 对。花萼在果时膀胱状膨大，俯首状下垂，球状卵形，长 1.5 ～ 2cm，直径 1.2 ～ 1.6cm，几乎为干膜质，带白色，具 10 纵向的翅，翅具三角形牙齿，基部圆，顶端逐渐缢缩，顶口张开。浆果单独生或 2 个近簇生，球状，远较果萼为小；果梗细瘦，弧状弯曲，长 1.5 ～ 1.8cm。种子浅黄色。花果期 7 ～ 11 月。

地理分布　见于高峰，生于山坡林下阴湿处。产于衢江、桐庐、遂昌。分布于江西、福建、台湾、广西、贵州。日本也有分布。

保护价值　中国 – 日本间断分布种，对研究该属的起源与分布，以及浙江 – 日本植物区系具有一定价值。果形奇特，可供盆栽观赏。

064 天目地黄 *Rehmannia chingii* H. L. Li

玄参科 Scrophulariaceae　　地黄属 *Rehmannia*

濒危等级　《中国生物多样性红色名录》：易危 (VU)

形态特征　多年生草本，高 30～60cm，全体被多节长柔毛。根茎肉质，橘黄色。茎直立，单一或基部分枝。基生叶呈莲座状，叶片椭圆形，长 6～12cm，宽 3～6cm，先端钝或急尖，基部逐渐收缩成长的翅柄，边缘具不规则圆齿或粗锯齿，两面疏被白色柔毛；茎生叶发达，外形与基生叶相似，向上逐渐缩小。花单生叶腋；花梗长 1～4cm；花萼钟状，长 1～2cm，5 裂，裂片不等长；花冠紫红色，长 5.5～7cm，外面被多节长柔毛，二唇形，中间裂片较大，长约 2cm；雄蕊 4，二强，花丝基部被短腺毛；花柱顶端扩大。蒴果卵形，长 1.2～1.6cm，具宿存的花萼及花柱。种子卵形至长卵形，表面具网眼。花期 4～5 月，果期 5～6 月。

地理分布　见于高峰、里东坑等地，生于低海拔山坡草丛中或路旁。产于浙江省山区、半山区。分布于安徽、江西。

保护价值　中国特有种。天目地黄作为地黄属较早分化的一个物种，对于地黄属的研究具有一定科研价值；全草药用，具有润燥生津、清热凉血的功效，临床研究表明，天目地黄具有增强记忆能力、抗衰老、抗糖尿病等药理活性。

065 羽裂唇柱苣苔 *Chirita pinnatifida* (Hand.-Mazz.) B. L. Burtt

苦苣苔科 Gesneriaceae　唇柱苣苔属 *Chirita*

别　　名　羽裂报春苣苔
濒危等级　《中国生物多样性红色名录》：无危（LC）
形态特征　多年生草本，高 15～20cm。叶基生；叶片草质，长圆形、披针形或狭卵形，长 3～18cm，宽 1.5～7cm，先端钝或急尖，基部楔形或宽楔形，边缘羽状浅裂至深裂，或有牙齿，两面疏生短伏毛，侧脉每侧 3～5 条；叶柄扁，长 2～11cm，被伸展的短柔毛。花序伞形，具 1～4 花；花序梗长 4.5～20cm，被柔毛；苞片 2，对生，宽卵形或宽倒卵形，长 1.2～1.5cm，边缘有浅钝齿，有柔毛；花梗长 5～10mm，密被柔毛及腺毛；花萼 5 裂至近基部，裂片线状披针形，被短柔毛；花冠紫红色，长 3～4.5cm，外面被短柔毛，二唇形；能育雄蕊 2，内藏，退化雄蕊 2；花盘环状；子房与花柱密生短柔毛，柱头 2 浅裂。蒴果细长，被短柔毛。种子狭椭圆形，褐色或暗紫色。花期 7～8 月，果期 9 月。
地理分布　见于洪岩顶、苏州岭、龙井坑等地，生于山谷林中、石上或溪边阴湿处。产于开化、泰顺。分布于江西、福建、广西、广东、贵州、湖南。
保护价值　中国特有种。全草入药，用于跌打损伤等症；花大而美丽，叶片硕大而厚，株形优雅，适合做盆栽、假山造景，具有较高的观赏价值。

066 香果树 *Emmenopterys henryi* Oliv.

茜草科 Rubiaceae　香果树属 *Emmenopterys*

别　　名　大叶水桐子

保护级别　国家Ⅱ级重点保护野生植物

濒危等级　《中国生物多样性红色名录》：近危（NT）

形态特征　落叶乔木，高 15 ～ 30m。小枝红褐色，圆柱形，具皮孔。单叶对生；叶片革质或薄革质，宽椭圆形至宽卵形，长 10 ～ 20cm，宽 7 ～ 13cm，先端急尖至短渐尖，基部圆形或楔形，全缘，上面无毛，下面沿脉及脉腋内有淡褐色柔毛，有时全面被毛，中脉在下面隆起；叶柄长 2 ～ 5cm，具柔毛，常带紫红色；托叶三角状卵形，早落。聚伞花序组成顶生的大型圆锥状花序；花萼近陀螺状，长约 5mm，裂片宽卵形，叶状萼裂片色白而显著，结实后仍宿存；花冠漏斗状，长 2 ～ 2.5cm，白色，内外两面均被绒毛，裂片长约为花冠的 1/3；雄蕊着生于花冠筒的喉部稍下，花丝纤细，花药背着，内藏。果近纺锤形，长 2.5 ～ 5cm，具纵棱，成熟时红色。种子细小，具翅。花期 8 月，果期 9 ～ 11 月。

地理分布　见于挑米坑、石子排、大蓬、大中坑等地，生于海拔 600 ～ 1200m 的沟谷阔叶林中。产于浙江省山区各县。分布于华东、华中、华南、西南及陕西、甘肃。

保护价值　我国特有的单种属植物，对研究茜草科系统发育、形态演化及植物地理区系具有重要的价值；其木材纹理直、质地好，可用于制作家具和建筑用；树皮纤维可制蜡纸和人造棉；根和树皮可入药，具有湿中和胃、降逆止呕的功效；树姿优美，花形奇特，是一种珍贵的庭园观赏树种，英国植物学家威尔逊把它誉为"中国森林中最美丽动人的树"。

067 尖萼乌口树 *Tarenna acutisepala* F. C. How ex W. C. Chen

茜草科 Rubiaceae 乌口树属 *Tarenna*

濒危等级 《中国生物多样性红色名录》：无危 (LC)

形态特征 常绿灌木，高 1～2.5m。嫩枝灰色，被短硬毛，老枝红褐色。叶对生；叶片纸质，长圆形或披针形，少为长圆状椭圆形或近卵形，长 4～19.5cm，宽 1.5～5.6cm，顶端渐尖或短尖，基部楔形，上面沿中脉被疏短柔毛，下面被短柔毛或乳突状毛；侧脉 5～7 对；叶柄长 5～22mm，有短硬毛；托叶三角形，长约 6mm。伞房状的聚伞花序顶生，花紧密，长 2.5～3cm，宽约 4cm，总花梗、花梗及小苞片均被短柔毛；花萼长 4mm，外面有短柔毛，萼管卵形，萼裂片三角状披针形，长约 1.5mm，顶端尖；花淡黄色，长约 1.4cm，外面无毛，花冠管内面上部和喉部有柔毛，花冠裂片椭圆形，长约 4mm；花药线状长圆形，长 3mm；花柱丝状，长约 1.5cm，中部以上有柔毛，柱头伸出。浆果近球形，直径 5～7mm，有短柔毛，顶部常有宿存的萼裂片。花期 4～9 月，果期 5～11 月。

地理分布 见于龙井坑，生于山谷溪边林中。分布于江苏、江西、福建、湖南、广东、广西、四川。浙江分布新记录。

保护价值 中国特有种。植株繁茂，花密集，果期长，具有一定的观赏价值。

068 光叶三脉紫菀 *Aster ageratoides* Turcz. var. *leiophyllus* (Franch. et Savat.) Ling.

菊科 Asteraceae　紫菀属 *Aster*

濒危等级　《中国生物多样性红色名录》：无危（LC）
形态特征　多年生草本，高 0.6～1.2m。茎直立，上部稍分枝，下部叶在花期枯萎。叶互生；叶片长圆状披针形，长 6～15cm，宽 1～3cm，长渐尖，中部以下极缩狭，近无柄，有稍密的尖锯齿，上面多少被糙毛，下面沿脉有短粗毛，离基三出脉，侧脉 3～4 对，网脉明显。头状花序小，有细花序梗，总苞倒锥状，长 3～4mm，径 5～6mm，总苞片顶端钝；舌状花白色；冠毛近白色或红褐色。花果期 7～10 月。

地理分布　见于大中坑、周村溪、高峰等地，生于溪边、路边岩石上。分布于中国台湾。日本也有分布。中国大陆新记录。

保护价值　东亚特有植物，间断分布于我国浙江、台湾，以及日本，对研究大陆与岛屿植物演化具有一定的价值。

069 九龙山紫菀 *Aster jiulongshanensis* Z. H. Chen, X. Y. Ye et C. C. Pan

菊科 Asteraceae　紫菀属 *Aster*

濒危等级　《中国生物多样性红色名录》：未予评估 (NE)

形态特征　多年生草本。根状茎粗壮，葡匐枝长 8 ～ 12cm，稍木质。茎直立或斜升，高 50 ～ 130cm，中部以上多分枝，被卷曲的糙毛或下部近光滑。基生叶密集成莲座状，在花期枯萎，叶片长卵圆形至长圆状披针形，长 4 ～ 20cm，宽 2 ～ 9cm，先端渐尖或急尖，基部楔形下延成长柄；中部叶片卵状披针形，长 7 ～ 12cm，宽 2 ～ 4cm；上部叶片渐小，倒披针形，长 2 ～ 4cm，宽 0.8 ～ 2cm；全部叶厚纸质，正面被糙毛，下部叶尤密，背面无毛或沿脉具稀疏毛，边缘密被开展的糙毛，有疏锯齿，齿端具外展的小尖头，羽状脉，侧脉 3 ～ 5 对。头状花序直径约 1.5cm，排列成圆锥伞房状或狭圆锥状；花序梗密被毛，苞叶长圆状披针形，全缘；总苞狭倒锥形或近管状，直径 5 ～ 6mm；总苞片 3 ～ 4 层，条形至条状披针形，草质，边缘膜质，背部绿色，先端渐尖，外层较短，长约 2mm，具缘毛，内层较长，长 5 ～ 6mm，中脉草质，沿脉疏被毛。舌状花 5 ～ 10 朵，1 层，舌片绿白色，条形，长 4mm，宽 1mm；管状花多数，长 5 ～ 6mm，管部长 2 ～ 3mm，被柔毛，裂片卷曲；花柱附片长披针形。瘦果条状披针形，稍扁，长 3 ～ 4mm，熟时由紫红色转褐色，有 2 条边肋，两面各有 1 条中肋，被向上白色短糙毛；冠毛长 5 ～ 6mm，白色或污白色，不分枝，具向上短糙毛。花果期 9 ～ 11 月。

地理分布　见于高峰、龙井坑、里东坑等地，生于沟谷潮湿的岩石上。产于遂昌、景宁、龙泉、庆元。

保护价值　本种为 2017 年正式发表的新种，浙江特有种，分布区狭窄，在研究谱系地理及紫菀属的系统进化上有一定意义。

070 南方兔儿伞 *Syneilesis australis* Y. Ling

菊科 Asteraceae　兔儿伞属 *Syneilesis*

濒危等级　《中国生物多样性红色名录》：数据缺乏（DD）

形态特征　多年生草本，高 50～100cm。根状茎粗壮，有多数被绒毛的须根。茎直立，单生，坚硬，具槽沟；中部叶疏生；下部茎叶具长柄；叶片圆形，直径 30～40cm，基部宽盾形，掌状深裂；裂片长圆状披针形，下部的裂片有时不分裂，其余的裂片浅裂，宽 2～3cm，顶端尖，稀 2 浅裂，边缘有疏锯齿，具小尖头，主脉掌状，近平行，下面被短柔毛，后变无毛；叶脉凸起，具明显的网脉；叶柄长 3～8cm，基部半抱茎；上部茎叶掌状深裂或 2 浅裂，叶柄短，最上部的叶苞片状，线状披针形。头状花序盘状，多数在茎端排成复伞房状；分枝开展，长 2～8cm，被疏短柔毛；花序梗长达 6mm，具 3～4 个线状披针形小苞片。总苞圆柱形；总苞片 5，长圆状披针形，长约 10mm，顶端钝或尖。小花 8～10，全部管状，结实；花冠长 9～10mm；檐部钟状，长约 7mm；裂片披针形，长 2mm，顶端有微毛；花药伸出花冠，长 5mm，基部箭形；花柱分枝外弯，顶端被笔状微毛。瘦果圆柱形，长 4～5mm，无毛，具肋；冠毛白色或变红色。花期 2～8 月。

地理分布　见于高峰、里东坑等地，生于山坡、荒地、林缘、路旁。产于浙江省各地。分布于江苏、安徽、江西、福建。

保护价值　华东特有种。叶形奇特，具有较高的观赏价值；全草入药，用于风湿性关节炎、腰腿疼痛、四肢麻木、月经不调、行经腹痛等症，外用可治跌打损伤。

071 华箬竹 *Sasa sinica* Keng

禾本科 Gramineae　赤竹属 *Sasa*

濒危等级　《中国生物多样性红色名录》：近危（NT）
形态特征　灌木状竹类。秆高 1～1.5m，直径 3～5mm，节间长 10～15cm，微被白粉，以节下为甚。箨鞘宿存，初密被白色或淡紫色小刺毛，后逐渐脱落；箨耳无；箨舌凹陷或平截，高为 1mm；箨片狭三角形，无毛，鲜时绿带紫色。末级小枝具叶 1～2 枚；叶鞘初时有白色柔毛，后脱落；叶舌高可达 2mm，平截；叶片长椭圆形，长 10～20cm，宽 1～3cm，下面具细柔毛。花序呈总状；花序轴具灰白色短毛；小穗紫黑色，含 4～9 朵花；颖 2；

外稃宽卵形，近边缘处生有黄色或锈色之糙毛；内稃之两脊相距甚宽，其上密生红色纤毛，鳞被大小近相等；子房细长，无毛。笋期 5～6 月。

地理分布　见于大龙岗，生于海拔 900m 以上的山坡沟旁。产于临安、余姚、云和、庆元、龙泉。分布于安徽。

保护价值　华东特有种。本种为常绿灌木状竹类，大面积生长形成绿色屏障，具独特的观赏价值，且地下茎盘根错节、纵横交错，有利于森林防火和水土保持。

072 天目山薹草 *Carex tianmushanica* C. Z. Zheng et X. F. Jin

莎草科 Cyperaceae　薹草属 *Carex*

濒危等级　《中国生物多样性红色名录》：近危（NT）

形态特征　多年生草本，高 30～50cm。根状茎短。秆丛生，扁三棱形，纤细，基部具暗褐色的宿存叶鞘。叶长于或短于秆；叶片宽 4～7mm，具小横隔，边缘平滑。苞片短叶状，上部的刚毛状，短于小穗，具鞘。小穗 4 个，顶生小穗雄性，线状圆柱形，长 3～6cm，小穗柄长 3～6cm；侧生小穗雌性，线状圆柱形，长 3～5cm，直立，小穗柄长 2～5.5cm，伸出苞鞘。雄花鳞片狭倒披针形，顶端钝，淡黄色；雌花鳞片长圆形，顶端渐尖，背面中脉明显。果囊稍长于或等于鳞片，椭圆球形，具多条脉，疏被微毛或近无毛，基部渐狭，先端收缩成短喙，喙长约 1.5mm，喙口具 2 小齿。小坚果紧包于果囊中，椭圆球形，长约 4mm，灰褐色，棱上中部凹陷，基部具短柄，顶端缩缢成环盘；花柱基部膨大，宿存，柱头 3。花果期 4～6 月。

地理分布　见于洪岩顶、大龙岗等地，生于海拔 800m～1100m 的林下、路边或草丛中。产于安吉、临安、淳安、苍南。

保护价值　浙江特有种。植株矮小，绿意盎然，适合作地被植物。

073 **长苞谷精草** *Eriocaulon decemflorum* Maxim.

谷精草科 Eriocaulaceae 谷精草属 *Eriocaulon*

濒危等级 《中国生物多样性红色名录》：易危（VU）

形态特征 多年生草本，高 10～30cm。叶丛生；叶片宽条形或条形，长 5～11cm，宽 1～2mm，有横脉。总花梗长 6～22cm，有 4～5 纵沟。头状花序倒圆锥形，直径 4～5mm；总苞片约 14，长椭圆形，长 3.5～6mm，显著长于花，麦秆黄色，先端急尖；苞片倒披针形，先端尖，背面生白短毛；花序托无毛或有毛；雄花：萼片 2，披针形，基部合生成柄状；花瓣 2，下部合生成管状，裂片近先端有 1 黑色腺体；雄蕊 4，花药黑色；雌花：萼片 2，离生，披针形，上部有毛；花瓣 2，倒披针形，上部内侧有黑色腺体；子房 2 室，有时仅 1 室发育，柱头 2。种子近球形。花果期 8～10 月。

地理分布 见于里东坑、洪岩顶，生于路边、溪旁湿地、田间。产于丽水及临安、永嘉、泰顺、武义。分布于华东及湖南、广东、辽宁、黑龙江。日本、朝鲜半岛、俄罗斯也有分布。

保护价值 谷精草属植物具有较高的药用价值，研究显示谷精草属中的黄酮类化合物具有抗菌、抗氧化等药理活性，常用于风热目赤肿痛、畏光、眼生翳膜、风热头痛等症。

074 华重楼 *Paris polyphylla* Sm. ex Rees var. *chinensis* (Franch.) H. Hara

百合科 Liliaceae　重楼属 *Paris*

别　　名　七叶一枝花、重楼、蚤休
保护级别　浙江省重点保护野生植物
濒危等级　《中国生物多样性红色名录》：易危（VU）
形态特征　多年生草本，高 80 ～ 150cm。根状茎粗壮，密生环节。茎直立，基部有膜质鞘。叶通常 6 ～ 11 枚轮生于茎顶；叶片长圆形、倒卵状长圆形或倒卵状椭圆形，长 7 ～ 20cm，宽 2.5 ～ 8cm，先端渐尖或短尾状，基部圆钝或宽楔形，具长 0.5 ～ 3cm 的叶柄。花单生于茎顶；花梗长 5 ～ 20cm；花被片每轮 4 ～ 7 枚，外轮花被片叶状，绿色，开展，内轮花被片宽线形，通常远短于外轮花被片；雄蕊基部稍合生，花丝长 4 ～ 7mm，下部稍扁平，花药宽线形，

远长于花丝，药隔凸出部分长 1 ～ 1.5mm；子房具棱，4 ～ 7 室，顶端具盘状花柱茎，花柱分枝 4 ～ 7，粗短而外弯，短于或等长于合生部分。蒴果近圆形，直径 1.5 ～ 2.5cm，具棱，暗紫色，室背开裂。种子具红色肉质的外种皮。花期 4 ～ 6 月，果期 7 ～ 10 月。
地理分布　见于龙井坑、高峰等地，生于阴湿的沟谷阔叶林下。产于浙江省各地。分布于长江以南各省。越南、尼泊尔也有分布。
保护价值　中国特有种。根状茎入药，有清热解毒、消肿止痛、活血化瘀、凉肝定惊之效，能治毒蛇咬伤、痈疽肿毒、扁桃体炎、腮腺炎，其根茎活性成分重楼甾体皂苷具有抗肿瘤、止血及免疫调节等药效。

075 多花黄精 *Polygonatum cyrtonema* Hua

百合科 Liliaceae 黄精属 *Polygonatum*

别　　名　囊丝黄精、白芨黄精、长叶黄精

濒危等级　《中国生物多样性红色名录》：近危（NT）

形态特征　多年生草本，高 50 ～ 100cm。根状茎连珠状，稀结节状，直径 10 ～ 25mm。茎弯拱。叶互生；叶片椭圆形至长圆状披针形，长 8 ～ 20cm，宽 3 ～ 8cm，先端急尖至渐尖，基部圆钝，两面无毛。伞形花序通常具 2 ～ 7 朵花，下弯；总花梗长 7 ～ 15mm；苞片线形，位于花梗的中下部，早落；花绿白色，近圆筒形，长 15 ～ 20mm；花梗长 7 ～ 15mm；花被筒基部收缩成短柄状，裂片宽卵形；雄蕊着生于花被筒的中部，花丝稍侧扁，被绵毛，花药长圆形；花柱不伸出花被之外。浆果直径约 1cm，成熟时黑色，具种子 3 ～ 14 粒。花期 5 ～ 6 月，果期 8 ～ 10 月。

地理分布　见于保护区各地，生于山坡林下阴湿处、岩石上或沟边。产于浙江省各地。分布于长江流域及其以南各省。

保护价值　中国特有种。本种根状茎作为中药"黄精"入药，具补脾润肺、益气养阴之效，能治体虚乏力、心悸气短、肺燥干咳、糖尿病等；根状茎性味甘甜，含有大量淀粉、糖类、维生素、微量元素及氨基酸，可作药膳或制作蜜饯；淡绿色花朵在茎上成行排列，十分可爱，可供花境、观花地被、切花、盆栽观赏。

076 细柄薯蓣 *Dioscorea tenuipes* Franch. et Sav.

薯蓣科 Dioscoreaceae 薯蓣属 *Dioscorea*

别　　名　细萆薢

濒危等级　《中国生物多样性红色名录》：易危（VU）

形态特征　多年生缠绕草本。地下茎横走，为根状茎，直径 0.5～1.5cm，常弯曲，有分枝，节明显，表面枯黄色，具环纹，全体密布白点状的根基，鲜时质嫩脆，断面黄色，富黏丝，干后硬脆，断面白色，略角质，味微苦。茎左旋，细弱，具细纵槽，无毛。单叶互生；叶片膜质至薄纸质，卵状心形至圆心形，长 4～13cm，宽 3～11cm，先端渐尖，基部心形，两面无毛，有光泽，主脉 9 条；叶柄长为叶片的 2/5～4/5。花单性，雌雄异株；花被淡黄绿色；雄花序总状，单生，稀双生；雄蕊 6；雌花序穗状，单生；雌花单生。果序下垂，果梗反曲，果面向上；蒴果三棱状扁球形，直径 22～31mm，顶端、基部皆平截，果皮薄革质，橄榄绿色。种子着生于果轴中部，扁卵形；种翅薄膜质，淡橄榄绿色，种子居其中央。花期 6～7 月，果期 7～9 月。

地理分布　见于洪岩顶、大龙岗等地，生于海拔 800～1100m 的山谷疏林下或林缘。产于浙北以外的全省各地。分布于安徽、福建、江西、湖南、广东。日本也有分布。

保护价值　中国－日本间断分布，为研究大陆与岛屿的联系提供依据。本种根状茎入药，民间代粉萆薢供药用，含薯蓣皂苷元 1.4%～2.8%，具有祛风湿、舒筋活络之效，用于风湿痹痛、筋脉拘挛、四肢麻木、跌打损伤、劳伤无力等症。

077 无柱兰 *Amitostigma gracile* (Bl.) Schltr.

兰科 Orchidaceae　无柱兰属 *Amitostigma*

别　　名　细葶无柱兰、华无柱兰

濒危等级　《中国生物多样性红色名录》：无危 (LC)；
CITES：附录Ⅱ

形态特征　多年生草本，高 9 ～ 12cm。块茎椭圆状球形，直径约 1cm，长 2.5cm，肉质。茎纤细，直立，下部具叶 1 枚，叶下具筒状鞘 1 ～ 2 枚。叶片长圆形或椭圆状长圆形，长 3 ～ 12cm，宽 1.5 ～ 3.5cm，先端急尖或稍钝，基部鞘状抱茎。花葶纤细，顶生，直立，总状花序长 1 ～ 5cm，具花 5 ～ 20 朵，偏向同一侧；花苞片卵形或卵状披针形，长 2 ～ 8mm，先端渐尖；萼片卵形，长约 3mm；花小，红紫色或粉红色，斜卵形，与萼片近等长而稍宽，先端近急尖；唇瓣 3 裂，长大于宽，长 5 ～ 7mm，中裂片长圆形，先端几平截或具 3 枚细齿，侧裂片卵状长圆形，距纤细，筒状，几伸直，下垂，长 2 ～ 3mm；子房长圆锥形，具长柄。花期 6 ～ 7 月，果期 9 ～ 10 月。

地理分布　见于洪岩顶、大龙岗等地，生于沟谷边或山坡林下阴处岩石上。产于湖州、杭州、宁波、丽水及新昌、开化、天台。分布于长江以南地区及河南、河北、陕西、辽宁、山东。日本、朝鲜也有分布。

保护价值　花小而精致，有较高观赏价值。

078 金线兰 *Anoectochilus roxburghii* (Wall.) Lindl.

兰科 Orchidaceae　开唇兰属 *Anoectochilus*

别　　名　花叶开唇兰

濒危等级　《中国生物多样性红色名录》：濒危 (EN)；
CITES：附录 II

形态特征　多年生草本，高 8～14cm。具匍匐根状茎。
茎上部直立，下部具 2～4 枚叶。叶片卵圆形或卵形，
上面暗紫色，具金红色网纹及丝绒状光泽，有时呈
墨绿色而无网纹，下面淡紫红色，先端钝圆或具短尖，
基部圆形，全缘；叶柄基部扩大成鞘。总状花序疏
生 2～6 朵花，花序轴被毛；萼片淡红色，中萼片
卵形，凹陷，侧萼片卵状椭圆形，稍偏斜；花瓣白色，

与中萼片靠合成兜状；唇瓣位于上方，白色，前端
2 裂呈 "Y" 字形，裂片全缘，宽约 1.5mm，中部收
缩成爪，两侧各具 6～8 条流苏状细裂片；距长约
6mm，上举指向唇瓣，末端 2 浅裂。花期 9～10 月。

地理分布　见于高峰，生于沟谷阔叶林中。产于宁波、
丽水、温州、金华。分布于华东、华南、西南及湖南。
东南亚、南亚及日本也有分布。

保护价值　株形小巧，叶美花雅，适作盆栽观赏；
全株可药用，具清热凉血、祛风利湿、解毒、止痛、
镇咳等功效。

079 广东石豆兰 *Bulbophyllum kwangtungense* Schltr.

兰科 Orchidaceae　石豆兰属 *Bulbophyllum*

濒危等级　《中国生物多样性红色名录》：无危 (LC)；CITES：附录 II

形态特征　多年生附生草本。根状茎长而匍匐。假鳞茎长圆柱形，长 1 ～ 2.5cm，在根状茎上远生，彼此相距 2 ～ 7cm，顶生 1 叶。叶片革质，长圆形，长 2 ～ 6.5cm，宽 4 ～ 10mm，先端钝圆而凹，基部渐狭成楔形，具短柄，有关节，中脉明显。花葶 1 个，从假鳞茎基部或靠近假鳞茎基部的根状茎节上发出，高出于叶，长达 9.5cm；总状花序缩短呈伞状，具花 2 ～ 7 朵；花淡黄色；萼片离生，狭披针形；花瓣狭卵状披针形，长 4 ～ 5mm，中部宽约 0.4mm，先端长渐尖，具 1 条脉或不明显的 3 条脉，仅中肋到达先端，边缘全缘；唇瓣肉质，狭披针形，向外伸展；蕊柱长约 0.5mm；蕊柱齿牙齿状；蕊柱足长约 0.5mm；药帽前端稍伸长，先端截形并且多少向上翘起，上面密生细乳突。蒴果长椭圆形，长约 2.5cm，直径 5mm。花期 6 月，果期 9 ～ 10 月。

地理分布　见于洪岩顶、周村等地，生于山坡林下岩石上。产于浙江省山区。分布于长江流域以南各省。

保护价值　中国特有种。全草可入药，能滋阴降火、清热消肿，用以治疗咽喉肿痛、肺炎等。

080 虾脊兰 *Calanthe discolor* Lindl.

兰科 Orchidaceae　虾脊兰属 *Calanthe*

濒危等级　《中国生物多样性红色名录》：无危 (LC)；CITES：附录 II

形态特征　多年生草本，植株高 30 ～ 40cm。假鳞茎粗短，近圆锥形，粗约 1cm。叶近基生，通常 2 ～ 3 枚；叶片狭倒卵状长圆形，长 15 ～ 25cm，宽 4 ～ 6cm，先端急尖或钝而具短尖，基部楔形下延至叶柄，叶柄明显，基部扩大。花葶从当年新株的幼叶的叶丛中长出，长 30 ～ 50cm，下部具几枚鞘状的鳞叶；总状花序长 5 ～ 15cm，有花数朵至 10 余朵，花序轴被短柔毛；花苞片膜质，披针形，长 5 ～ 10mm，较花梗连子房长为短；花紫红色，开展；萼片近等长，长约 1.3cm，中萼片卵状椭圆形，侧片狭卵状披针形，先端急尖；花瓣较中萼片小，倒卵状匙形或倒卵状披针形；唇瓣与萼片近等长，玫瑰色或白色，3 裂，中裂片卵状楔形，先端 2 裂，中央无短尖，边缘具齿，侧裂片斧状，稍内弯，全缘，唇盘上具 3 条褶片；距细长，长 6 ～ 10mm，末端弯曲而非钩状。花期 4 ～ 5 月，果期 8 月。

地理分布　见于高峰，生于山坡林下阴湿地。产于杭州、湖州、丽水、温州。分布于华东、华南及西南。日本也有分布。

保护价值　耐阴且叶形佳，花朵小巧玲珑，姿态优美，花期长，适合作为盆花或栽植于庭园、公园等阴暗处造景；全草入药，有活血化瘀、消痈散结的功效，用于瘰疬、痔疮、脱肛、跌打损伤等。

081 钩距虾脊兰 *Calanthe graciliflora* Hayata

兰科 Orchidaceae　虾脊兰属 *Calanthe*

别　　名　纤花根节兰、细花根节兰

濒危等级　《中国生物多样性红色名录》：近危 (NT)；CITES：附录 II

形态特征　多年生草本，植株高 30 ～ 60cm。假鳞茎短，卵球形，粗约 2cm；幼时叶基围抱形成假茎，假茎长 5 ～ 18cm，下部具 3 枚鞘状叶。叶近基生；叶片椭圆形或倒卵状椭圆形，长 17 ～ 30cm，宽 4 ～ 5cm，先端急尖，基部楔形，叶下延至柄；柄长可达 10cm，被鞘状叶所围抱。花葶从叶丛中长出，高 40 ～ 50cm；总状花序疏生多数花，无毛；花苞片膜质，披针形；花梗连子房长约 1.7cm，先端渐尖，花下垂，内面绿色，外面带褐色，直径约 2cm；萼片卵圆形至长圆形，长 1.3 ～ 1.5cm，先端急尖，具 3 脉，侧萼片稍带镰状；花瓣线状匙形，长 1 ～ 1.3cm，先端急尖，基部收狭，具 1 脉；唇瓣白色，3 裂，中裂片长圆形，先端中央具短尖，侧裂片卵状镰形，先端钝或平截，唇盘上具 3 条褶片；距圆筒形，长约 1cm，末端钩状弯曲。花期 4 ～ 5 月。

地理分布　见于高峰、龙井坑等地，生于山坡林下阴湿地。产于台州、丽水、宁波及临安、文成、泰顺、安吉、开化、普陀。分布于长江流域及以南地区。

保护价值　中国特有种。本种假茎、假鳞茎及根茎入药，具解毒消肿、活血散结、止痛之功效，用于瘰疬、淋巴结核、跌打损伤、腰肋疼痛；花期长、叶片较大、花色丰富、姿态优美，具有较高的观赏价值。

082 蕙兰 *Cymbidium faberi* Rolfe

兰科 Orchidaceae　兰属 *Cymbidium*

别　　名　儿节兰、九子兰、夏兰

濒危等级　《中国生物多样性红色名录》：无危 (LC)；
CITES：附录 II

形态特征　多年生草本，植株高 30～80cm。假鳞茎不明显。叶 5～10 枚成束丛生；叶片带形，长 20～80cm，直立性强，基部常对折呈 "V" 形，叶脉透明，边缘常有粗锯齿。花葶从假鳞茎基部外侧叶腋抽出，高 30～60cm；总状花序具 5～18 朵花或更多；花苞片线状披针形，长 2～3cm，最下面的 1 枚长于子房；花常为黄绿色或紫褐色，直径 5～7cm，具香气；萼片狭长披针形，长 2.7～3cm；唇瓣舌状，长 2～2.3cm，有紫红色斑，边缘呈波状皱褶；蕊柱稍向前弯曲，两侧有狭翅；花粉团 4 个，成 2 对，宽卵形。蒴果狭椭圆形。花期 4～5 月，果期 6～9 月。

地理分布　见于龙井坑、大龙岗，生于海拔 400～1000m 的林下阴湿透光处。产于浙江省山区、半山区。分布于华东、华中、华南、西南及西北。印度、尼泊尔也有分布。

保护价值　株形优雅，花香扑鼻，系著名花卉，适作观花地被、花境、盆栽、切花。文化内涵丰富，中国栽培最久和最普及的兰花之一，古代常称之为 "蕙"。

083 多花兰 *Cymbidium floribundum* Lindl.

兰科 Orchidaceae　兰属 *Cymbidium*

濒危等级　《中国生物多样性红色名录》：易危 (VU)；CITES：附录 II

形态特征　多年生草本，高 30 ～ 60cm。根白色。假鳞茎卵状圆锥形，隐于叶丛中。叶 3 ～ 6 枚成束丛生；叶片较挺直，带形，长 18 ～ 40cm，宽 1.5 ～ 3cm，先端稍钩转或尖裂，基部具明显关节，全缘。花葶直立或稍斜出，较叶短；总状花序密生花 20 ～ 50 朵；花苞片卵状披针形，长约 5mm；子房连花梗长 1.6 ～ 3cm；花无香气，紫褐色；萼片狭长圆状披针形，先端急尖，基部渐狭，侧萼片稍偏斜；花瓣长椭圆形，长 1.8 ～ 2cm，先端急尖，基部渐狭，具紫褐色带黄色边缘；唇瓣卵状三角形，上面具乳突，明显 3 裂，中裂片近圆形，稍向下反卷，紫褐色，侧裂片半圆形，直立，具紫褐色条纹，边缘紫红色，唇盘从基部至中部具 2 条平行黄色褶片；蕊柱长约 1.2cm，宽 2 ～ 3mm，无蕊柱翅。花期 4 ～ 5 月，果期 7 ～ 8 月。

地理分布　见于洪岩顶、龙井坑等地，生于林缘或溪边有覆土的岩石上。产于温州、衢州、丽水等地。分布于长江流域及以南地区。越南也有分布。

保护价值　本种假鳞茎及根入药，具养心安神、利水消肿之效，用于心悸劳伤身痛、跌打损伤、肾炎水肿；外用治淋巴结核。因其株丛丰茂，叶质稍厚且柔润光泽，着花繁密，花色红艳，抗逆性强，易于栽培等特点，具有较高观赏价值，所以野生种群常常遭采挖。

084 春兰 *Cymbidium goeringii* (Rchb. f.) Rchb. f.

兰科 Orchidaceae   兰属 *Cymbidium*

别　名　草兰

濒危等级　《中国生物多样性红色名录》：易危 (VU)；CITES：附录 II

形态特征　多年生草本。根状茎短。假鳞茎集生于叶丛中。叶基生，4～6 枚成束；叶片带形，长 20～60cm，宽 5～8mm，先端锐尖，基部渐尖，边缘略具细齿。花葶直立，高 3～7cm，具花 1 朵，稀 2 朵；花苞片膜质，鞘状包围花葶；花淡黄绿色，具清香，直径 6～8cm；萼片较厚，长圆状披针形，中脉紫红色，基部具紫纹，中萼片长 3～4cm，侧萼片长约 2.7cm；花瓣卵状披针形，长 2～2.3cm，宽约 7mm，具紫褐色斑点，中脉紫红色，先端渐尖；唇瓣乳白色，长约 1.6cm，不明显 3 裂，中裂片向下反卷，先端钝，长约 1.1cm，侧裂片较小，位于中部两侧，唇盘中央从基部至中部具 2 条褶片；蕊柱直立，长约 1.2cm。蕊柱翅不明显。蒴果长椭圆柱形。花期 2～4 月。

地理分布　见于保护区各地，生于山坡林下或沟谷边阴湿处。产于浙江省山区、半山区。分布于长江流域及以南各省。日本、朝鲜也有分布。

保护价值　四大国兰之一，春兰驯化、栽培历史最为悠久，由于春兰自然杂交及长期人工栽培选育等，出现较多的变异类型，品种繁多，在园艺上应用广泛，具有很高观赏价值；民间以根入药，用以治疗妇女湿热白带、跌打损伤。

085 寒兰 *Cymbidium kanran* Makino

兰科 Orchidaceae　兰属 *Cymbidium*

濒危等级　《中国生物多样性红色名录》：易危 (VU)；CITES：附录 II

形态特征　多年生草本，高 20 ～ 60cm。根粗 5 ～ 7mm。假鳞茎卵球状棍棒形，或多或少左右压扁，长 4 ～ 6cm，宽 1 ～ 1.5cm，隐于叶丛中。叶 4 ～ 5 枚成束；叶片带形，长 35 ～ 70cm，宽 1 ～ 1.7cm，革质，深绿色，略带光泽，先端渐尖，边缘近先端具细齿；叶脉在叶两面均凸起。花葶直立，长 30 ～ 54cm，近等于或长于叶；总状花序疏生 5 ～ 12 朵花；花苞片披针形；子房连花梗长 2.4 ～ 4cm；花绿色或紫色，直径 6 ～ 8cm；萼片线状披针形，中萼片稍宽，先端渐尖，具几条红线纹；花瓣披针形，长 2.8 ～ 3cm，先端急尖，基部收狭，近基部具红色斑点；唇瓣卵状长圆形，长 2.3 ～ 2.5cm，乳白色，具红色斑点或紫红色，不明显 3 裂，中裂片边缘无齿，侧裂片直立，半圆形，有紫红色斜纹，唇盘从基部至中部具 2 条平行的褶片；蕊柱长 1.2cm，无蕊柱翅。花期 10 ～ 11 月。

地理分布　见于洪岩顶、猕猴保护小区等地，生于山坡林下腐殖质丰富之处。产于丽水。分布于广东、广西、福建、湖南、四川、云南。

保护价值　本种作为四大国兰之一，花朵优美，常有浓烈香气，具有极高的观赏价值，在园艺上应用广泛。由于人为过度采挖，自然繁殖系数低和生态环境遭到了严重破坏等原因，野生寒兰资源不断减少。

086 细茎石斛 *Dendrobium moniliforme* (Linn.) Sw.

兰科 Orchidaceae 石斛属 *Dendrobium*

别　　名　铜皮石斛
濒危等级　《中国生物多样性红色名录》：未予评估
（NE）；CITES：附录II
形态特征　多年生草本，高 10 ～ 40cm。茎丛生，直立，圆柱形，径 1.5 ～ 5mm，具多节，由下向上渐细，节上具膜质筒状鞘。叶长圆状披针形，长 3 ～ 6cm，宽 5 ～ 15mm，先端钝或急尖，基部圆形，具关节。总状花序侧生于无叶的茎节上，总花梗长 2 ～ 5mm，具花 1 ～ 4 朵；花苞片卵状三角形，干膜质，白色带淡红色斑纹；花黄绿色或白色带淡玫瑰红色，径 2 ～ 3cm；萼片近相似，长圆形或长圆状披针形；唇瓣卵状披针形，常 3 裂，中裂片卵状三角形，侧裂片半圆形，边缘具细齿；蕊柱很短，长约 2mm。蒴果倒卵形，长约 2cm。花期 4 ～ 5 月，果期 7 ～ 8 月。

地理分布　见于雪岭，附生于海拔 200 ～ 500m 的树干或岩石上。产于丽水及德清、临安、淳安、嵊州、泰顺。分布于长江以南各地及河南、陕西、甘肃、台湾。印度、日本、朝鲜也有分布。

保护价值　茎可入药，有益胃生津、滋阴清热之功效，用于热病伤津、痨伤咳血、口干烦渴、病后虚热、食欲不振。形态清秀，花朵雅致，可供盆栽观赏。因人为采挖，资源趋竭。

087 单叶厚唇兰 *Epigeneium fargesii* (Finet) Gagnep.

兰科 Orchidaceae　厚唇兰属 *Epigeneium*

濒危等级　《中国生物多样性红色名录》：无危 (LC)；CITES：附录 II

形态特征　多年生附生植物。根状茎匍匐，粗 2～3mm，密被栗色筒状鞘。假鳞茎斜生，近卵形，长约 1cm，径 3～5mm，顶生 1 枚叶，基部被膜质鞘。叶片厚革质，卵形或宽卵状椭圆形，长 1～2.3cm，宽 7～11mm，先端圆形而中央凹入，基部阔楔形至圆形，近无柄。花单朵生于假鳞茎顶端；花梗连子房长约 1cm，基部被 2～3 枚膜质鞘；苞片卵形，膜质，长约 3mm；花不甚张开，萼片和花瓣淡粉红色；中萼片卵形，长约 1cm，宽 6mm，先端急尖，具 5 条脉；侧萼片斜卵状披针形，长约 1.5cm，宽 6mm，先端急尖，基部贴生在蕊柱足上而形成明显的萼囊，萼囊长约 5mm；花瓣卵状披针形，比侧萼片小，先端急尖，具 5 条脉；唇瓣近白色，小提琴状，长约 2.3cm，前后唇等宽，宽约 11mm；后唇两侧直立；前唇伸展，近肾形，先端深凹，边缘多少波状；唇盘具 2 条纵向的龙骨脊，其末端终止于前唇的基部并且增粗呈乳头状；蕊柱粗壮，长约 5mm；蕊柱足长约 1.5mm。花期 4～5 月。

地理分布　见于深坑、龙井坑、雪岭等地，生于沟谷岩石上。产于婺城、武义、缙云、景宁、乐清、苍南。分布于安徽、江西、福建、台湾、湖北、湖南、广东、广西、四川、云南。印度、泰国也有分布。

保护价值　全草入药，用于跌打损伤、腰肌劳损、骨折；花冠淡粉色，具有较高的园艺价值，可用于装饰石壁等。

088 黄松盆距兰 *Gastrochilus japonicus* (Makino) Schltr.

兰科 Orchidaceae   盆距兰属 *Gastrochilus*

别　　名　黄松兰、日本囊唇兰

濒危等级　《中国生物多样性红色名录》：易危 (VU)；
CITES：附录 II

形态特征　多年生附生植物。茎粗短，长 2～10cm，粗 3～5mm。叶 2 列互生，长圆形至镰刀状长圆形，长 5～14cm，宽 5～17mm，先端近急尖而稍钩曲，基部具 1 个关节和鞘，全缘或稍波状。总状花序缩短呈伞状，具 4～10 朵花；花序柄长 1.5～2cm；花苞片近肉质，卵状三角形，长 2～3mm，先端锐尖；萼片和花瓣淡黄绿色带紫红色斑点；中萼片和侧萼片相似而等大，倒卵状椭圆形或近椭圆形，长 5～6mm，先端钝；花瓣近似于萼片而较小，先端钝；前唇白色带黄色先端，

近三角形，边缘啮蚀状或几乎全缘，上面除中央的黄色垫状物带紫色斑点和被细乳突外，其余无毛；后唇白色，近僧帽状或圆锥形，稍两侧压扁，长约 7mm，宽 4mm，上端口缘多少向前斜截，与前唇几乎在同一水平面上，末端圆钝、黄色；蕊柱短，淡紫色。

地理分布　见于猕猴保护小区、龙井坑，生于林中树干上。产于龙泉。分布于台湾、香港。琉球群岛也有分布。浙江新记录植物。

保护价值　本种为近年发现的浙江省新记录植物，分布区狭窄，国内仅台湾和香港有分布记录。黄松盆距兰的发现有助于研究中国大陆与附近岛屿植物区系的内在联系。

089 大花斑叶兰 *Goodyera biflora* (Lindl.) Hook. f.

兰科 Orchidaceae　斑叶兰属 *Goodyera*

别　　名　长花斑叶兰、双花斑叶兰、大斑叶兰

濒危等级　《中国生物多样性红色名录》：近危 (NT)；CITES：附录Ⅱ

形态特征　多年生草本，植株高 5 ～ 15cm。茎上部直立，下部匍匐伸长成根状茎，基部具 4 ～ 6 枚叶。叶互生；叶片卵形，长 2 ～ 4cm，宽 1.5 ～ 3cm，上面暗蓝绿色，具白色细斑纹，下面带红色，先端渐尖或急尖，基部近圆形，具短柄；叶柄基部扩展成鞘状抱茎。总状花序具花 2 ～ 8 朵，花序轴具柔毛；花苞片披针状卵形，长 1.2 ～ 2cm，长于子房连花梗；花长管状，黄白色或淡红色，偏向同一侧；萼片披针形，具 3 脉，中萼片长 2.3 ～ 2.5cm，先端外弯，侧萼片较中萼片稍短；花瓣线状披针形，镰状，具 3 脉，与中萼片等长，靠合成兜状；唇瓣长 1.6 ～ 1.8cm，基部具囊，囊内面具刚毛，前部外弯，边缘膜质，波状；蕊柱内弯；蕊喙线状，2 裂呈叉状，裂片长 7 ～ 9mm；子房细圆柱形，长 1 ～ 1.3cm，被柔毛，扭曲。花期 6 ～ 7 月，果期 10 月。

地理分布　见于高峰，生于山坡林下或沟谷阴湿处。产于长兴、安吉、临安、泰顺、遂昌。分布于华东、华中、华南、西南及陕西、甘肃。尼泊尔、印度、朝鲜半岛、日本也有分布。

保护价值　本种全草入药，具润肺止咳、补肾益气、行气活血、消肿解毒等功效，能治肺痨咳嗽、气管炎、头晕乏力、神经衰弱、阳痿、跌打损伤、骨节疼痛、咽喉肿痛、乳痈、疮疖、瘰疬、毒蛇咬伤等症；形态优美，具有观赏价值，可供盆栽观赏。

090 小斑叶兰 *Goodyera repens* (L.) R. Br.

兰科 Orchidaceae　斑叶兰属 *Goodyera*

濒危等级　《中国生物多样性红色名录》：无危 (LC)；CITES：附录II

形态特征　多年生草本，植株高 10～25cm。根状茎伸长，茎状，匍匐，具节。茎直立，绿色，具5～6枚叶。叶片卵形或卵状椭圆形，长 1～2cm，宽 5～15mm，上面深绿色具白色斑纹，背面淡绿色，先端急尖，基部钝或宽楔形，具柄，叶柄长5～10mm，基部扩大成抱茎的鞘。花茎直立，被白色腺状柔毛，具 3～5 枚鞘状苞片；总状花序具几朵至 10 余朵花，长 4～15cm；花苞片披针形，长5mm；子房圆柱状纺锤形，连花梗长 4mm，被疏的腺状柔毛；花小，白色或带绿色或带粉红色，半张开；萼片背面被或多或少腺状柔毛，具1脉，中萼片卵形或卵状长圆形，长 3～4mm，宽 1.2～1.5mm，先端钝，与花瓣黏合呈兜状；侧萼片斜卵形、卵状椭圆形，长 3～4mm，宽 1.5～2.5mm，先端钝；花瓣斜匙形，无毛，长 3～4mm，宽 1～1.5mm，先端钝，具 1 脉；唇瓣卵形，长 3～3.5mm，基部凹陷呈囊状，宽 2～2.5mm，内面无毛，前部短的舌状，略外弯；蕊柱短，长 1～1.5mm；蕊喙直立，长 1.5mm，叉状 2 裂；柱头 1 个。花期 7～8 月。

地理分布　见于洪岩顶、双溪口，生于沟谷林下阴湿处或覆土的岩石上。分布于东北、华北、西北、华中、西南及安徽、台湾。浙江新记录植物。

保护价值　全草入药，治疗痈肿疮毒、虫蛇咬伤。

091 斑叶兰 *Goodyera schlechtendaliana* Rchb. f.

兰科 Orchidaceae　斑叶兰属 *Goodyera*

别　　名　大斑叶兰、小叶青、白花斑叶兰
濒危等级　《中国生物多样性红色名录》：近危 (NT)；
CITES：附录 II

形态特征　多年生草本，植株高 15～25cm。茎上部直立，具长柔毛，下部匍匐伸长成根状茎，基部具叶 4～6 枚。叶互生；叶片卵形或卵状披针形，长 3～8cm，宽 0.8～2.5cm，上面绿色，具黄白色斑纹，下面淡绿色，先端急尖，基部楔形；叶柄长 4～10mm，基部扩大成鞘状抱茎。总状花序长 8～20cm，疏生花数朵至 20 余朵，花序轴被柔毛；花苞片披针形，长约 12mm，宽 4mm，外面被短柔毛，较花梗连子房稍长或近等长；花白色或带红色，偏向同一侧；萼片外面被柔毛，具 1 脉，中萼片长圆形，凹陷，与花瓣合成兜状，长 8～10mm，侧萼片卵状披针形，与中萼片等长；花瓣倒披针形，长约 10mm，具 1 脉；唇瓣长约 7mm，基部囊状，囊内面具稀疏刚毛，基部围抱蕊柱；蕊喙 2 裂呈叉状；花药卵形，药隔先端渐尖；子房被长柔毛，扭曲。花期 9～10 月。

地理分布　见于保护区各地，生于山坡林下。产于浙江省山区。分布于华东、华中、华南、西南及西北。东亚、东南亚、南亚也有分布。

保护价值　本种全草入药，鲜用或晒干，具有清肺止咳、解毒消肿、止痛的功效，主要用于肺痨咳嗽，支气管炎、肾气虚弱、头晕乏力、神经衰弱、乳痈、疔疮、毒蛇咬伤、骨节疼痛等；植株精巧优美，花色洁白，形如飞鸟，观赏价值较高，俗称宝石兰，可作为盆栽或园林点缀陪衬植物，是庭园和室内观叶的珍品。

092 见血青 *Liparis nervosa* (Thunb. ex A. Murray) Lindl.

兰科 Orchidaceae　羊耳蒜属 *Liparis*

别　　名　虎头蕉、见血清

濒危等级　《中国生物多样性红色名录》：无危 (LC)；CITES：附录 II

形态特征　多年生草本，植株高 8～20cm。假鳞茎聚生，圆柱状，肥厚，肉质，具节，长 2～5cm，通常包藏于叶鞘内，上部有时裸露。叶 2～5 枚，卵形至卵状椭圆形，膜质或草质，长 5～12cm，宽 3～6cm，先端渐尖，全缘，基部收狭并下延成鞘状柄，无关节；鞘状柄长 2～3cm。花葶发自茎顶端，长 10～30cm；总状花序通常 5～15 朵花；花苞片三角形，长 1～2mm；花梗和子房长 8～16mm；花紫色，中萼片线形或宽线形，长 8～10mm，宽 1.5～2mm，先端钝，边缘外卷，具不明显的 3 脉；侧萼片狭卵状长圆形，稍斜歪，先端钝，亦具 3 脉；花瓣丝状，长 7～8mm，宽约 0.5mm，亦具 3 脉；唇瓣长圆状倒卵形，长约 6mm，宽 4.5～5mm，先端截形并微凹，基部收狭并具 2 个近长圆形的胼胝体；蕊柱较粗壮，上部两侧有狭翅。蒴果倒卵状长圆形或狭椭圆形，长约 1.5cm，果梗长 4～7mm。花期 2～7 月，果期 10 月。

地理分布　见于龙井坑、高峰等地，生于林下、溪谷旁或岩石覆土上。产于温州、丽水。分布于华东、华中、华南及西南。广布于热带与亚热带地区。

保护价值　全草入药，用于咯血、吐血。植株精巧，花形奇特，具有较高观赏价值，适于盆栽。

093　长唇羊耳蒜 *Liparis pauliana* Hand.-Mazz.

兰科 Orchidaceae　羊耳蒜属 *Liparis*

濒危等级　《中国生物多样性红色名录》：无危 (LC)；CITES：附录 II

形态特征　多年生草本，植株高 8～30cm。假鳞茎聚生，卵球形，肉质，外被多枚白色的薄膜鞘。叶通常 2 枚；叶片椭圆形、卵状椭圆形或阔卵形，长 3～9cm，宽 1.5～5cm，先端锐尖或稍钝，基部宽楔形，鞘状抱茎，边缘皱波状并具不规则细齿。花葶长 8～27cm，总状花序疏生多花；花苞片小，卵状三角形，长约 2mm；花大，浅紫色；萼片几相似，狭长圆形，长 8～14mm，宽 1～1.5mm；花瓣线形，与萼片几等长；唇瓣倒卵状长圆形，长 10～15mm，宽 4～7mm，先端圆形并具短尖，边缘全缘，基部具 1 枚微凹的胼胝体或有时不明显；蕊柱弯曲，长 4～5mm，近端蕊柱翅明显，短而圆。花期 4～5 月，果期 9～10 月。

地理分布　见于龙井坑、高峰等地，生于海拔 600～1000m 的林下阴湿处或岩石缝中。产于杭州、衢州、台州、丽水、温州。分布于安徽、江西、湖南、湖北、广西、广东、贵州。日本、朝鲜也有分布。

保护价值　中国特有种。植株精巧，花形奇特，具有较高观赏价值，适于盆栽。

094 小沼兰 *Malaxis microtatantha* (Schltr.) Tang et F. T. Wang

兰科 Orchidaceae　沼兰属 *Malaxis*

濒危等级　《中国生物多样性红色名录》：近危 (NT)；CITES：附录 II

形态特征　多年生地生草本，植株高 3 ～ 8cm。假鳞茎球形，直径 3 ～ 6mm，肉质，绿色。叶 1 枚，生于假鳞茎顶端；叶片稍肉质，近圆形、卵形或椭圆形，长 1 ～ 2.7cm，宽 0.6 ～ 2.8cm，先端钝圆或稍尖，基部宽楔形，并下延成鞘状柄；叶柄长 3 ～ 10mm。花葶纤细，长 2 ～ 2.8cm，生于假鳞茎顶端，总状花序密生多数花；花苞片三角状钻形，长约为子房连花梗长的 1/2，直立；花小，直径 1.5 ～ 2mm，黄色，倒置，唇瓣在下方；萼片等长，长圆形，先端钝；花瓣线形或舌状披针形，稍短于萼片；唇瓣近基部 3 深裂，侧裂片线形，稍短于花瓣，中裂片三角状卵形，稍长于侧裂片。花期 4 ～ 10 月，果期 11 月。

地理分布　见于洪岩顶、龙井坑等地，生于海拔 100 ～ 400m 山坡林下潮湿的岩石上。产于杭州、宁波、衢州、丽水等地。分布于江西、福建、台湾、广东。

保护价值　中国特有种。小沼兰耐阴湿，体型小巧，可用于微景观或苔藓墙美化。

095 小叶鸢尾兰 *Oberonia japonica* (Maxim.) Makino

兰科 Orchidaceae　鸢尾兰属 *Oberonia*

别　　名　台湾荨白兰、日本荨白兰

濒危等级　《中国生物多样性红色名录》：无危 (LC)；CITES：附录 II

形态特征　多年生附生植物。茎明显，长 1 ～ 2cm。叶数枚，基部 2 列套叠，两侧压扁，线状披针形，稍镰刀状，略肥厚，长 1 ～ 3cm，宽 2 ～ 4mm，先端急尖或渐尖，基部无关节。花葶从茎顶端叶间抽出，较纤细，近圆柱形，长 2 ～ 8cm；总状花序具多数小花；花苞片卵状披针形，长 1 ～ 2mm，先端渐尖；花梗和子房长 1 ～ 2mm，常略长于花苞片；花黄绿色至橘红色，很小，直径不到 1mm；萼片宽卵形至卵状椭圆形，长约 0.5mm，宽约 0.4mm；侧萼片略大于中萼片；花瓣近长圆形或卵形，与萼片近等长但略狭，先端钝；唇瓣轮廓为宽长圆状卵形，长约 0.6mm，3 裂；侧裂片位于唇瓣基部两侧，卵状三角形，斜展，全缘；中裂片椭圆形、宽长圆形或近圆形，明显大于侧裂片，先端凹缺或有时中央具 1 小齿。花期 4 ～ 7 月。

地理分布　见于猕猴保护小区，生于林中树上。产于龙泉。分布于福建、台湾。日本和朝鲜半岛也有分布。

保护价值　植株小巧，攀附能力强，具较高园艺价值。

096 细叶石仙桃 *Pholidota cantonensis* Rolfe

兰科 Orchidaceae 石仙桃属 *Pholidota*

别　　名　石吊兰

濒危等级　《中国生物多样性红色名录》：无危 (LC)；CITES：附录 II

形态特征　多年生附生草本。根状茎长而匍匐，分枝，节上疏生根；假鳞茎狭卵形至卵状长圆形，长 1 ~ 2cm，宽 5 ~ 8mm，通常相距 1 ~ 3cm，顶端生 2 叶。叶片线形或线状披针形，纸质，长 2 ~ 8cm，宽 5 ~ 7mm，先端短渐尖或近急尖，边缘常外卷，基部收狭成柄；叶柄长 2 ~ 7mm。花亭生于幼嫩假鳞茎顶端，长 3 ~ 5cm；总状花序通常具 10 余朵花；花序轴不曲折；花苞片卵状长圆形，早落；花梗和子房长 2 ~ 3mm；花小，白色或淡黄色，直径约 4mm。中萼片卵状长圆形，长 3 ~ 4mm，宽约 2mm，多少呈舟状，先端钝，背面略具龙骨状突起；侧萼片卵形，斜歪，略宽于中萼片；花瓣宽卵状菱形或宽卵形，长 2.8 ~ 3.2mm；唇瓣宽椭圆形，长约 3mm，宽 4 ~ 5mm，呈舟状，先端近截形或钝，唇盘上无附属物；蕊柱粗短，长约 2mm，顶端两侧有翅。蒴果倒卵形，长 6 ~ 8mm。花期 4 月，果期 8 ~ 9 月。

地理分布　见于洪岩顶、龙井坑等地，生于潮湿的岩壁上，偶见于树干上。产于浙江省山区各县。分布于江西、福建、台湾、湖南、广东、广西。

保护价值　中国特有种。全草入药，具清热解毒、滋阴润肺功效，主治肺热咳血、急性肠胃炎、关节肿痛、跌打损伤等。

097 舌唇兰 *Platanthera japonica* (Thunb. ex A. Marray) Lindl.

兰科 Orchidaceae　舌唇兰属 *Platanthera*

濒危等级　《中国生物多样性红色名录》：无危 (LC)；CITES：附录 II

形态特征　多年生草本，植株高 35 ～ 70cm。根状茎肉质，指状。茎直立，具叶 3 ～ 6 枚。叶自下向上渐小；叶片椭圆形或长圆形，长 10 ～ 18cm，宽 3 ～ 7cm，先端钝或急尖，基部鞘状抱茎。总状花序长 10 ～ 18cm，具花 10 ～ 28 朵；花苞片宽线形至狭披针形，长 2 ～ 4cm，宽 3 ～ 5mm；花白色；中萼片卵形，稍呈兜状，先端钝或急尖，长 7 ～ 10mm，宽约 5mm，具 3 脉；侧萼片斜卵形，长 8 ～ 9mm，宽约 4mm，先端急尖，具 3 脉；花瓣线形，长约 7mm，宽 1.5mm，先端钝，具 1 脉，与中萼片靠合呈兜状；唇瓣线形，长 1.3 ～ 1.5cm，不分裂，肉质，基部贴生于蕊柱；距细长，丝状，长 3 ～ 6cm，下垂弧曲；蕊柱极短；子房细圆柱形，长 2 ～ 2.5cm，无毛。花期 5 ～ 6 月。

地理分布　见于龙井坑、洪岩顶，生于山坡林下或草地。产于宁波、丽水、温州及安吉、临安、岱山。生于林下。广布于全国大部分省份。朝鲜半岛、日本也有分布。

保护价值　民间用于治疗虚火牙痛、肺热咳嗽、白带；外用治毒蛇咬伤。

098 小舌唇兰 *Platanthera minor* (Miq.) Rchb. f.

兰科 Orchidaceae　舌唇兰属 *Platanthera*

濒危等级　《中国生物多样性红色名录》：无危 (LC)；CITES：附录 II

形态特征　多年生草本，植株高 20～60cm。根状茎膨大呈块茎状，椭圆形或纺锤形。茎直立，具叶 2～5 枚，叶由下向上渐小呈苞片状。叶片椭圆形、卵状椭圆形或长圆状披针形，长 6～15cm，宽 1.5～5cm，先端急尖或钝圆，基部鞘状抱茎，茎上部的叶线状披针形，先端渐尖。总状花序长 10～18cm，疏生多数花；花苞片卵状披针形，长 0.8～2cm；花淡绿色；萼片具 3 脉，中萼片宽卵形，长 4～5mm，宽约 3.5mm，先端钝或急尖，具 3 脉，侧萼片椭圆形，稍偏斜，长 5～6mm，宽约 2mm，先端钝，具 3 脉，反折；花瓣斜卵形，先端钝，基部一侧稍扩大，具 2 脉，其中 1 脉分出 1 支脉，与中萼片靠合呈兜状；唇瓣舌状，长 5～7mm，肉质，下垂；距细筒状，下垂，稍向前弧曲，长 1～1.5cm；药隔宽，先端凹缺；子房圆柱状，向上渐狭，长 1～1.5cm。花期 5～7 月。

地理分布　见于洪岩顶等地，生于山坡林下或草地。产于杭州、宁波、台州、丽水、温州及安吉、新昌、岱山。分布于华东、华中、华南、西南。日本、朝鲜也有分布。

保护价值　全草入药，用于养阴润肺、益气生津、补肺固肾，也可治疝气。

099 台湾独蒜兰 *Pleione formosana* Hayata

兰科 Orchidaceae 独蒜兰属 *Pleione*

别　名 独蒜兰、岩慈姑、石龙珠、岩寿桃

濒危等级 《中国生物多样性红色名录》：易危 (VU)；
CITES：附录 II

形态特征 多年生附生草本。假鳞茎压扁的卵形或卵球形，上端渐狭成明显的颈，绿色或暗紫色，顶端具叶 1 枚。叶在花期尚幼嫩，长成后椭圆形或倒披针形。花葶从无叶的老假鳞茎基部发出，长 7～16cm，顶端通常具 1 花，偶见 2 花；花大，淡紫红色，稀白色，花瓣与萼片狭长，近同形；唇瓣宽阔，围成喇叭状，长 3.5～4cm，最宽处宽约 3cm，上面具有黄色、红色或褐色斑，基部楔形，先端不明显 3 裂，侧裂片先端圆钝，中裂片半圆形，先端

中央凹缺或不凹缺，边缘具短流苏状细裂，内面有 3～5 条波状或直的纵褶片；蕊柱长线形，长约 3.5cm，顶端扩大成翅。蒴果纺锤状，长约 4cm。花期 3～5 月，果期 7 月。

地理分布 见于库坑、雪岭、洪岩顶、龙井坑等地，生于海拔 600～1000m 的林下或林缘腐殖质丰富的土壤和岩石上。产于杭州、湖州、金华、丽水等地。分布于福建、江西、台湾。

保护价值 中国特有种。全株药用，具清热解毒、消肿散结功效；花大形奇，花色艳丽，成片盛开时尤为醒目，可作阴湿岩面美化，也可盆栽观赏。

100 香港绶草 *Spiranthes hongkongensis* S. Y. Hu et Barretto

兰科 Orchidaceae 绶草属 *Spiranthes*

别　名 盘龙参

濒危等级 《中国生物多样性红色名录》：未予评估
（NE）；CITES：附录 II

形态特征 多年生地生草本，植株高 8～30cm。
根肉质，指状。叶基生，2～6 枚；叶片多少肉
质，长条形、长椭圆形或宽卵形，长 4～12cm，宽
5～9mm，先端锐尖，基部下延成柄状鞘。总状花
序顶生，具多数密生的小花，多少呈螺旋状扭转，
花序轴密被腺毛；花苞片披针形，疏生腺毛，先端
渐尖；花小，乳白色，不完全展开，倒置；子房绿色，
密被短柔毛；萼片离生，近相似，被柔毛；中萼片
直立，长圆形，常与花瓣靠合呈兜状；侧萼片长圆
状披针形，先端钝；花瓣长圆形，近等长于中萼片，
先端钝；唇瓣长圆形，长 4～5mm，宽 2～2.5mm，
先端截形或钝，中部以上呈啮齿状，基部凹陷呈浅
囊状；蕊柱短。花期 5～7 月，果期 7～9 月。

地理分布 见于龙井坑、洪岩顶、高峰等地，生于
沟谷溪边。产于浙江省山区。分布于香港、福建、
江西。

保护价值 中国特有种。全草入药，具清热解毒、
利湿消肿之功效，用于治疗毒蛇咬伤、肾炎、糖尿
病和咽喉肿痛等。

101 带唇兰 *Tainia dunnii* Rolfe

兰科 Orchidaceae　带唇兰属 *Tainia*

濒危等级　《中国生物多样性红色名录》：近危 (NT)；
CITES：附录 II

形态特征　多年生草本，高 30 ～ 60cm。根状茎匍匐；假鳞茎长圆柱形，紫褐色，顶生 1 叶。叶片长圆形或椭圆状披针形，先端渐尖，基部渐狭；叶柄细长。花葶侧生，直立，纤细，长 30 ～ 60cm，具 3 枚筒状膜质鞘；总状花序长达 20cm，花序轴红棕色，具花 10 ～ 20 余朵；花黄褐色或棕紫色，直径 2 ～ 2.5cm；萼片与花瓣等长而较宽，黄褐色，先端急尖或锐尖，具 3 条脉，仅中脉较明显；唇瓣黄色，轮廓近圆形，长约 1cm，基部贴生于蕊柱足末端，前部 3 裂，侧裂片镰状长圆形，中裂片横椭圆形，先端平截或中央稍凹缺，上面有 3 条短褶片；子房具细柄，连柄长 5 ～ 10mm。花期 4 ～ 5 月，果期 7 月。

地理分布　见于高峰、龙井坑等地，生于海拔 500 ～ 700m 的山谷沟边或山坡林下。产于杭州、宁波、衢州、丽水、温州等地。分布于华东、华南、西南及湖南。

保护价值　中国特有种。花葶纤长，亭亭玉立，黄褐相间，别具特色，可作花境或盆栽观赏。

102 小花蜻蜓兰 *Tulotis ussuriensis* (Regel et Maack) H. Hara

兰科 Orchidaceae 蜻蜓兰属 *Tulotis*

别　　名 东亚舌唇兰、软秆虎头蕉

濒危等级 《中国生物多样性红色名录》：近危 (NT)；CITES：附录 II

形态特征 多年生草本，植株高 20 ～ 55cm。根状茎肉质，指状。茎直立，较纤细，基部具 1 ～ 2 枚筒状鞘，鞘之上具叶，下部的 2 ～ 3 枚叶较大，中部至上部具 1 至几枚苞片状小叶。大叶片匙形或狭长圆形，直立伸展，长 6 ～ 10cm，宽 1.5 ～ 3cm，先端钝或急尖，基部收狭成抱茎的鞘。总状花序长 6 ～ 10cm，疏生 10 ～ 20 余朵花；花苞片直立伸展，狭披针形，最下部的稍长于子房；子房细圆柱形，扭转，稍弧曲，连花梗长 8 ～ 9mm；花较小，淡黄绿色；中萼片直立，凹陷呈舟状，宽卵形，长 2.5 ～ 3mm，宽 2 ～ 2.5mm，先端钝，具 3 脉；侧萼片张开或反折，偏斜，狭椭圆形，较中萼片略长，先端钝，具 3 脉；花瓣直立，狭长圆状披针形，先端钝或近平截，具 1 脉；唇瓣向前伸展，多少向下弯曲，舌状披针形，肉质，长约 4mm，基部两侧各具 1 枚近半圆形的小裂片，中裂片舌状披针形或舌状，宽约 1mm，先端钝；距纤细，细圆筒状，下垂，与子房近等长，向末端几乎不增粗。花期 7 ～ 8 月，果期 9 ～ 10 月。

地理分布 见于高峰，生于沟谷林缘阴湿地。产于杭州、丽水及鄞州、天台、泰顺。分布于华中、华东及广西、四川、河北、陕西、新疆、吉林。朝鲜半岛、俄罗斯、日本也有分布。

保护价值 全草入药，具祛风通络、清热解毒、消肿之效，用以治疗风湿痹痛、风火牙痛、无名肿毒、跌打损伤。

第三章

保护区珍稀濒危动物

随着现代工业的迅猛发展，人类对动植物资源掠夺式的开发利用，人口、资源、环境问题日益严重，导致生物多样性急速下降，不少动植物种类及其分布区面临威胁，以至受到灭绝的危险。因此，多年来珍稀濒危动植物的保护问题一直受到高度重视。

国务院于1988年12月颁布了《国家重点保护野生动物名录》，浙江省政府于1998年公布的《浙江省重点保护陆生野生动物名录》，2016年对原省重点保护名录进行了调整。这些重点保护动物名录的颁布体现了国家对珍贵、濒危的野生动物实行重点保护、分级管理的原则。在国际上《IUCN物种红色名录濒危等级和标准（3.1版）》（简称"IUCN濒危等级"）中，濒危等级从高到低依次为绝灭、

野外绝灭、极危、濒危、易危、近危、无危、数据缺乏、未予评估9个等级。2015年环境保护部联合中国科学院发布的《中国生物多样性红色名录——脊椎动物卷》（简称"中国生物多样性红色名录"）采用《IUCN物种红色名录濒危等级和标准（3.1版）》对我国4357种，包括673种哺乳类、1372种鸟类、408种两栖类、461种爬行类及内陆鱼类1443种进行了评价。

本章所指的珍稀动物包括国家重点保护野生动物、浙江省重点保护野生动物、IUCN物种红色名录中受威胁程度近危（NT）或《中国生物多样性红色名录——脊椎动物卷》所列的受威胁程度近危（NT）以上的动物。

一、兽类

001 普氏蹄蝠 *Hipposideros pratti* Thomas

翼手目 Chiroptera　蹄蝠科 Hipposideridae　蹄蝠属 *Hipposideros*

别　　名　柏氏蹄蝠、马蹄蝠

濒危等级　《中国生物多样性红色名录》：近危（NT）；IUCN 物种红色名录：无危（LC）

形态特征　普氏蹄蝠是体型较大的一种蝙蝠，毛色通体为淡棕黄色，有的个体背部色泽稍淡，暗淡色泽不一。头骨宽大而坚实，颅宽略大于后头宽。人字脊与矢状脊明显且相连，侧观头骨从吻鼻部后向至额部为不平滑的斜面，两者之间凹进部分呈"V"形凹陷，与大蹄蝠截然不同。

生活习性　普氏蹄蝠栖息于海拔 100～2000m 的潮湿而温暖的洞穴中，洞道颇深而宽。常数十或数百只集聚于岩洞高处，也有单只挂于洞壁的；同洞栖居的曾见有大蹄蝠、中菊头蝠、中华鼠耳蝠、毛腿鼠耳蝠、大足鼠耳蝠和折翼蝠等。冬季常于潮湿多水的洞道深处冬眠。主要以周围夜出性飞虫为食。性较凶猛。

地理分布　保护区内见于高勘底。浙江省内采自杭州市区、富阳、临安、桐庐、建德、安吉、永康、婺城、江山。

002 中华鼠耳蝠 *Myotis chinensis* Tomes

翼手目 Chiroptera 蝙蝠科 Vespertilionidae 鼠耳蝠属 *Myotis*

别　　名 大鼠耳蝠、檐老鼠、飞鼠

濒危等级 《中国生物多样性红色名录》：近危（NT）；IUCN 物种红色名录：无危（LC）

形态特征 中华鼠耳蝠体型在鼠耳蝠中较大。耳长，耳屏长而直。翼膜宽大，直至趾基部。尾长，略凸出于股间膜外。距短而细。被毛短而密。体背乌褐色，腹部灰褐色，毛尖色淡。

生活习性 中华鼠耳蝠栖息于大岩洞中，单只或数只悬挂在岩洞顶壁。有时与大足鼠耳蝠组成数十或数百只的混合群。夜行性，捕食昆虫。冬眠期短且较浅睡。10 月交配，6 月产仔，哺乳期约 20 天。粪便可入药，亦可作肥料。

地理分布 保护区内见于高勘底。浙江省内采集于杭州、金华、衢州、丽水等地。

003 猕猴 *Macaca mulatta* Zimmermann

灵长目 Primates　猴科 Cercopithecidae　猕猴属 *Macaca*

别　　名　猴子、猢狲、恒河猴
保护等级　国家 II 级重点保护野生动物
濒危等级　《中国生物多样性红色名录》：无危
（LC）；IUCN 物种红色名录：无危（LC）
形态特征　猕猴身体、四肢和尾都比较细长，尾长超
过后足长。颜面和耳呈肉色，因年龄和性别不同而有
差异，幼时面部白色，成年渐红，雌性尤甚。臀胝明
显，多为红色。身体背部及四肢外侧为棕黄色，背后
部具有橙黄色光泽。胸部淡灰色，腹部近乎淡黄。
生活习性　猕猴栖息于热带、亚热带及暖温带阔叶
林，喜欢生活在石山的林灌地带，特别是那些岩石
嶙峋、悬崖峭壁又夹杂着溪河沟谷、攀藤绿树的广
阔的地段。集群生活，猕猴往往数十只或上百只一
群，由猴王带领，群居于森林中。善于攀缘跳跃，
会游泳和模仿人的动作，有喜怒哀乐的表现。以树
叶、嫩枝、野菜等为食，也吃小鸟、鸟蛋、各种昆虫，
甚至蚯蚓、蚂蚁。
地理分布　保护区内主要见于大子坑、平福坑、龙
井坑等山地常绿阔叶林及常绿、落叶阔叶混交林。
浙江省内主要分布在南部、西部的山区林地。

004 藏酋猴 *Macaca thibetana* Milne-Edwards

灵长目 Primates　猴科 Cercopithecidae　猕猴属 *Macaca*

别　　名　短尾猴、断尾猴

保护等级　国家Ⅱ级重点保护野生动物

濒危等级　《中国生物多样性红色名录》：易危（VU）；IUCN 物种红色名录：近危（NT）

形态特征　藏酋猴身体粗壮，四肢等长。颜面随年龄和性别不同而变化，幼时白色，成年雌性为肉红色，雄性则为肉黄色。有颊囊，面部长有浓密的毛，成年雄性还有颊须。体背部黑褐色，尾长 70mm 左右，短于后足长，腹面和四肢内侧色较淡，为灰黄色。

生活习性　藏酋猴栖息于高山密林中，主要活动场所为阔叶林和针阔混交林及悬崖峭壁等处，尤喜在山间峡谷的溪流附近觅食活动。群栖性，活动范围受季节和食物条件影响。食物以植物的叶、果实、种子等为主，也吃少量的动物，如蜥蜴、小鸟和鸟卵等。

地理分布　保护区内主要见于田塘岩、吴家蓬等高山的山地常绿阔叶林及常绿、落叶阔叶混交林。浙江省内主要是仙霞岭一带。

005 穿山甲 *Manis pentadactyla* Linnaeus

鳞甲目 Pholidota　鲮鲤科 Manidae　穿山甲属 *Manis*

别　　名　鲮鲤
保护等级　国家Ⅰ级重点保护野生动物
濒危等级　《中国生物多样性红色名录》：极危 (CR)；
IUCN 物种红色名录：濒危 (EN)
形态特征　穿山甲全身披覆瓦状排列的角质鳞甲，主要部位为头额、枕颈、体背侧、尾部背腹面及四肢外侧，鳞片间杂有硬毛。头小呈圆锥状，吻尖长。舌长，无齿，眼小而圆，外耳壳呈瓣状。尾背略隆起而腹面平。四肢短，前足爪发达。

生活习性　地栖性，穴居生活。栖息在丘陵山地的灌丛、草丛中较为潮湿的地方，洞口很隐蔽，昼伏夜出。能游泳，会爬树，善挖洞。其食物主要以白蚁为主，包括黑翅土白蚁、黑胸散白蚁、黄翅大白蚁、家白蚁等。

地理分布　通过访问保护区当地居民曾于徐福年区域发现穿山甲洞穴，在横坑区域附近目击实体。浙江省内主要分布于东部、西部及南部的丘陵山地。

006 中国豪猪 *Hystrix hodgsoni* Gray

啮齿目 RODENTIA 豪猪科 Hystricidae 豪猪属 *Hystrix*

别　　名 刺猪、箭猪

保护等级 浙江省重点保护野生动物

濒危等级 《中国生物多样性红色名录》：无危 (LC)；
IUCN 物种红色名录：无危 (LC)

形态特征 中国豪猪的身体粗大，全身呈黑色或黑褐色，后颈有长而粗的毛发，头部和颈部有细长、直生而向后弯曲的鬃毛。身体的前半部分是深褐色至黑色，背部、臀部和尾部都生有粗而直的黑棕色和白色相间纺锤形棘刺。臀部刺长而密集，四肢和腹面刺短小柔软。尾较短，隐于刺中。

生活习性 中国豪猪栖息在林木茂盛的山区丘陵，在靠近农田的山坡草丛或密林中数量较多。穴居，常以天然石洞居住，也自行打洞。豪猪为夜行性动物，白天躲在洞内睡觉，晚间出来觅食。行动缓慢，反应较差，夜出觅食常循一定的路线行走，并连续数晚在同一地点觅食，豪猪在冬季有群居的习性。

地理分布 保护区内见于龙井坑、高峰、里东坑等山地常绿阔叶林及常绿、落叶阔叶混交林和灌木丛区域。浙江省内大部分的山地丘陵均有分布。

007 狼 *Canis lupus* Linnaeus

食肉目 CARNIVORA　犬科 Canidae　犬属 *Canis*

别　　名　豺狼、狼狗

保护等级　浙江省重点保护野生动物

濒危等级　《中国生物多样性红色名录》：近危 (NT)；
IUCN 物种红色名录：无危 (LC)

形态特征　外形与狗和豺相似，体型中等、匀称，四肢修长，趾行性，利于快速奔跑。头腭尖形，颜面部长，鼻端凸出，耳尖且直立，嗅觉灵敏，听觉发达。犬齿及裂齿发达。毛粗而长。爪粗而钝，不能或略能伸缩。尾多毛，较发达，尾挺直状下垂夹于两后腿之间。善快速及长距离奔跑，多喜群居，常追逐猎食。

生活习性　栖息范围广，适应性强，山地、林区、草原，以至冰原均有狼群生存。夜间活动多，嗅觉敏锐，听觉很好。机警，多疑，善奔跑，耐力强，常采用穷追的方式获得猎物。狼属于食肉动物，主要以鹿、羚羊、兔为食，也食用昆虫、老鼠等，能耐饥。

地理分布　历史记录，保护区范围是该物种的重要分布区，由于栖息地破坏、人为捕杀等原因近年鲜有发现记录，本次科考没有记录到该物种。浙江省内山区有分布但数量不多。

008 赤狐 *Vulpes vulpes* Linnaeus

食肉目 CARNIVORA　犬科 Canidae　狐属 *Vulpes*

别　　名　狐狸、红狐

保护等级　浙江省重点保护野生动物

濒危等级　《中国生物多样性红色名录》：近危 (NT)；
IUCN 物种红色名录：无危 (LC)

形态特征　赤狐是体型最大、最常见的狐狸，成兽体长约 70cm，体形纤长。吻尖而长，鼻骨细长，额骨前部平缓，中间有一狭沟，耳较大，高而尖，直立。四肢较短，尾较长，略超过体长之半。尾形粗大，覆毛长而蓬松，躯体覆有长的针毛，冬毛具丰盛的底绒。耳背之上半部黑色，与头部毛色明显不同，尾梢白色。足掌有浓密短毛。具尾腺，能施放奇特臭味，称为"狐臊"。毛色因季节和地区不同而有较大变异，一般背面棕灰或棕红色，腹部白色或黄白色。

生活习性　赤狐的栖息环境非常多样，如森林、高山、丘陵、平原及村庄附近，甚至于城郊，皆可栖息。赤狐听觉、嗅觉发达，性狡猾，行动敏捷，喜单独活动。在夜晚捕食。赤狐是杂食者，田鼠、家鼠、黄鼠等在内的各种野鼠和野兔等是其主要食物，也吃蛙、鱼、鸟、鸟蛋、昆虫等，遇到动物尸体、人类遗弃的垃圾中的食品等也不会放过，还吃草莓、橡子、葡萄等野果或浆果。

地理分布　历史记录，保护区范围是该物种的重要分布区，由于栖息地破坏、人为捕杀等原因近年鲜有发现记录，本次科考没有记录到该物种。浙江省内曾分布于杭州、湖州、绍兴、金华、衢州、丽水等地，近年来鲜有发现。

009 貂 *Nyctereutes procyonoides* Gray

食肉目 CARNIVORA 犬科 Canidae 貂属 *Nyctereutes*

别　名 狸、貂子

保护等级 浙江省重点保护野生动物

濒危等级 《中国生物多样性红色名录》：近危 (NT)；IUCN 物种红色名录：无危 (LC)

形态特征 貂体型似狐，但小而粗胖。吻部短，耳短而圆。体呈圆筒状，四肢短，尾短而蓬松。体背为棕灰色，略带棕黄色，背中央杂以黑色，从头到尾形成一条黑色纵纹。头部毛色与体背色相同，眼四周毛黑色，颊部毛长而蓬松。体侧和腹部棕黄或棕灰色，四肢浅灰或咖啡色。尾毛长，腹面浅灰色。

生活习性 貂生活在平原、丘陵及部分山地，栖息于河谷、草原和靠近溪流、湖泊附近的丛林中，穴居，洞穴多数是露天的，常利用其他动物的废弃旧洞，或营巢于石隙、树洞里。一般白昼匿于洞中，夜间出来活动。貂行动不如豺、狐敏捷，性较温驯，叫声低沉，能攀登树木及游水。食性较杂，主要取食小动物，包括啮齿类、小鸟、鸟卵、鱼、蛙、蛇、虾、蟹、昆虫等，也食浆果、真菌、根茎、种子、谷物等植物性食料。

地理分布 保护区内曾见于高勘底低海拔的平缓区域。浙江省内分布于杭州、湖州、绍兴、金华、衢州、丽水等地。

010 豺 *Cuon alpinus* Pallas

食肉目 CARNIVORA 犬科 Canidae 豺属 *Cuon*

别　　名　豺狗

保护等级　国家 II 级重点保护野生动物

濒危等级　《中国生物多样性红色名录》：濒危 (EN)；
IUCN 物种红色名录：濒危 (EN)

形态特征　豺的外形与狼、狗等相近，但比狼小，
而大于赤狐，体长 95 ～ 103cm，尾长 45 ～ 50cm，
体重 20kg 左右。头宽，额扁平而低，吻部较短，耳
短而圆，额骨的中部隆起。四肢也较短，体毛厚密
而粗糙，体色随季节和产地的不同而异，一般头部、
颈部、肩部、背部及四肢外侧等处的毛色为棕褐色，
腹部及四肢内侧为淡白色、黄色或浅棕色。尾较粗，
毛蓬松而下垂，呈棕黑色，类似狐尾，尖端为黑色

或棕色。

生活习性　豺喜群居，但在各个地区的密度均较为
稀疏。栖息的环境也十分复杂，无论是热带森林、
丛林、丘陵、山地，还是海拔 2500 ～ 3500m 的亚
高山林地、高山草甸、高山裸岩等地带，都能发现
它的踪迹。居住在岩石缝隙、天然洞穴，或隐匿在
灌木丛薮之中，但不会自己挖掘洞穴。食物主要是鹿、
麂、麝、山羊等偶蹄目动物，有时亦袭击水牛。

地理分布　历史记录，保护区范围是该物种的重要
分布区，由于栖息地破坏、人为捕杀等原因近年鲜
有发现记录。浙江省内曾分布于杭州、湖州、绍兴、
金华、衢州、丽水等地。

011 黑熊 *Ursus thibetanus* G. Cuvier

食肉目 CARNIVORA　熊科 Ursidae　熊属 *Ursus*

别　　名　狗熊、黑瞎子

保护等级　国家Ⅱ级重点保护野生动物

濒危等级　《中国生物多样性红色名录》：易危（VU）；IUCN 物种红色名录：易危（VU）

形态特征　黑熊身体肥大、头宽，吻部短，眼、耳均小。四肢粗壮，全身毛色黑，富有光泽，面部毛色近棕黄，下颌白色，胸部有一由白色短毛构成的月牙形横斑，十分明显。耳被毛长，颈侧尤长。

生活习性　栖息于高山，以陆地生活为主，亦具潜水能力。善攀爬，可爬到高达 4～6m 的树洞中。嗅觉灵敏。不喜合群，除繁殖期外，一般均单独活动。杂食性，以采食植物幼枝、嫩芽、嫩草、野菜、野果为主，也吃小型动物，如昆虫、蚂蚁，尤喜吃蜂蜜，也能涉水捕鱼。

地理分布　本次发现于大龙岗，另据保护区当地居民介绍在老虎坑、高峰区域的山地常绿阔叶林及常绿、落叶阔叶混交林发现有黑熊的活动痕迹。浙江省内主要分布于西部、南部山区。

012 黄喉貂 *Martes flavigula* Boddaert

食肉目 CARNIVORA　鼬科 Mustelidae　貂属 *Martes*

别　　名　青鼬、蜜狗、两头乌
保护等级　国家 II 级重点保护野生动物
濒危等级　《中国生物多样性红色名录》：近危 (NT)；
IUCN 物种红色名录：无危 (LC)
形态特征　黄喉貂是貂属动物中个体最大的一种，大小似家猫，但身体细长，呈圆筒状。头部较尖，鼻端裸露，耳小而圆，四肢较短，尾长超过体长之半，圆柱状。头部自吻、额至头顶为暗褐色，颊部和耳内侧色较浅带黄色，耳后部为黑褐色。颈背前段中央暗褐色，后段至肩部为深棕色。背部棕黄色，腰部以后转为暗褐色，臀部及尾色最深，近乎黑色，故俗称"两头乌"。

体腹面颜色较淡，喉沙黄色，颈腹与胸部为浅棕黄色，腹部更淡为沙黄色。四肢下段均为黑褐色。
生活习性　黄喉貂栖息在丘陵、山地林中，尤喜沟谷灌丛。常在山坡、河谷地上及倒木上活动，行动敏捷，亦善爬树。常居于树洞中。活动时单个或成双，以晨昏活动为常见。食物主要是鼠、鸟、蛙、昆虫等，有时能袭击个体较大的獾、果子狸等。尤喜食蜂蜜，故又名"蜜狗"。
地理分布　保护区内曾见于横坑的常绿阔叶林及常绿、落叶阔叶混交林和灌木丛区域。浙江省内除海岛外均有分布。

013 黄鼬 *Mustela sibirica* Pallas

食肉目 CARNIVORA　鼬科 Mustelidae　鼬属 *Mustela*

别　　名　黄鼠狼、黄狼

保护等级　浙江省重点保护野生动物

濒危等级　《中国生物多样性红色名录》：无危 (LC)；
IUCN 物种红色名录：无危 (LC)

形态特征　黄鼬体型中等，身体细长，头细，颈较长。耳壳短而宽，稍凸出于毛丛。尾长约为体长之半，尾毛较蓬松。四肢较短，肛门腺发达。黄鼬的毛色从浅沙棕色到黄棕色，色泽较淡。毛绒相对较稀短，背毛略深；腹毛稍浅，四肢、尾与身体同色。鼻基部、前额及眼周浅褐色，略似面纹。鼻垫基部及上、下唇为白色，喉部及颈下常有白斑，但变异极大。

生活习性　黄鼬栖息于山地和平原，见于林缘、河谷、灌丛和草丘中，也常出没在村庄附近。居于石洞、树洞或倒木下。夜行性，尤其是清晨和黄昏活动频繁，有时也在白天活动。通常单独行动。善于奔走，能贴伏地面前进、钻越缝隙和洞穴，也能游泳、攀树和墙壁等。除繁殖期外，一般没有固定的巢穴。通常隐藏在柴草堆下、乱石堆、墙洞等处。嗅觉十分灵敏，但视觉较差。性情凶猛，常捕杀超过其食量的猎物。黄鼬食性很杂，在野外以老鼠和野兔为主食。

地理分布　保护区内主要见于农田、村庄、沟谷山坡等地。在浙江省内均有分布。

014 黄腹鼬 *Mustela kathiah* Hodgson

食肉目 CARNIVORA　鼬科 Mustelidae　鼬属 *Mustela*

别　名　香菇狼

保护等级　浙江省重点保护野生动物

濒危等级　《中国生物多样性红色名录》：近危 (NT)；
IUCN 物种红色名录：无危 (LC)

形态特征　黄腹鼬体型比黄鼬小得多，身体细长，四肢短。体毛和尾毛均较短，尾细长，超过体长之半。体背和腹面毛色截然不同，背面自头、颈背部、尾及四肢外侧均为栗褐色；上唇后段、下唇和颏均为黄白色；颈下、胸、腹部为鲜艳的金黄色，背腹毛色界线分明；四肢内侧亦为金黄色。

生活习性　黄腹鼬栖息于山地林缘、河谷、灌丛、草地，亦在农田、村落附近活动。清晨和夜间活动。食物以鼠类和昆虫为主。在危急时亦能放出臭气。

地理分布　保护区内主要见于雪岭底、高峰、龙井坑等常绿阔叶林及常绿、落叶阔叶混交林林缘地带。浙江省内除海岛外均有分布。

015 鼬獾 *Melogale moschata* Gray

食肉目 CARNIVORA　鼬科 Mustelidae　鼬獾属 *Melogale*

别　名　山獾、猸子

濒危等级　《中国生物多样性红色名录》：近危 (NT)；
IUCN 物种红色名录：无危 (LC)

形态特征　鼬獾体型介于貂属和獾属之间。鼻吻部发达，颈部粗短，耳壳短圆而直立，眼小且显著。鼬獾毛色变异较大，体背及四肢外侧浅灰褐色，头部和颈部色调较体背深；头顶后至脊背有一条连续不断的白色或乳白色纵纹。前额、眼后、耳前、颊和颈侧有不定形的白色或污白色斑。尾部针毛毛尖灰白色或乳黄色，向后逐渐增长，色调减淡。

生活习性　鼬獾栖息于河谷、沟谷、丘陵及山地的森林、灌丛和草丛中，喜欢在海拔 2000m 以下的低山常绿落叶阔叶林带活动，亦在农田区的土丘、草地和烂木堆中栖息。夜行性，入夜后成对出来活动，凌晨回洞。白天一般都隐居洞中，偶尔亦在洞穴周围的草木丛中休息。鼬獾穴居于石洞和石缝，亦善打洞。鼬獾杂食性，以蚯蚓、虾、蟹、昆虫、泥鳅、小鱼、蛙和鼠科动物等为食，亦食植物的果实和根茎。

地理分布　保护区内主要见于大中坑、雪岭底、高峰等山地常绿阔叶林及常绿、落叶阔叶混交林。浙江省内全省均有分布。

016 亚洲狗獾 *Meles leucurus* Linnaeus

食肉目 CARNIVORA　鼬科 Mustelidae　獾属 *Meles*

濒危等级　《中国生物多样性红色名录》：近危 (NT)；IUCN 物种红色名录：无危 (LC)

形态特征　狗獾在鼬科中是体型较大的种类，体重 5～10kg，体形肥壮，吻鼻长，鼻端粗钝，具软骨质的鼻垫，鼻垫与上唇之间被毛，耳壳短圆，眼小。颈部粗短，四肢短健，前后足的趾均具粗而长的黑棕色爪，尾短。肛门附近具腺囊，能分泌臭液。体背褐色与白色或乳黄色混杂，在颜面两侧从口角经耳基到头后各有 1 条白色或乳黄色纵纹，中间 1 条从吻部到额部，在 3 条纵纹中有 2 条黑褐色纵纹相间，从吻部两侧向后延伸，穿过眼部到头后与颈背部深色区相连。耳背及后缘黑褐色，耳上缘白色或乳黄色。尾背与体背同色，但白色或乳黄色毛尖略有增加。

生活习性　狗獾栖息于森林中或山坡灌丛、田野、坟地、沙丘草丛及湖泊、河溪旁边等各种生境中。狗獾有冬眠习性，挖洞而居。以春、秋两季活动最盛。白天入洞休息，夜间出来寻食。狗獾杂食性，以植物的根、茎、果实和蛙、蚯蚓、小鱼、沙蜥、昆虫和小型哺乳类等为食，在作物播种期和成熟期为害刚播下的种子和即将成熟的玉米、花生、马铃薯、白薯、豆类及瓜类等。

地理分布　保护区低海拔范围是该物种的重要分布区，本次科考没有记录到该物种。浙江省内除海岛外均有分布。

017 猪獾 *Arctonyx collaris* F. Cuvier

食肉目 CARNIVORA　鼬科 Mustelidae　猪獾属 *Arctonyx*

别　　名　沙獾

濒危等级　《中国生物多样性红色名录》：近危（NT）；
IUCN 物种红色名录：近危（NT）

形态特征　猪獾体型粗壮，四肢粗短。吻鼻部裸露凸出似猪拱嘴，故名猪獾。头大颈粗，耳小眼也小，尾短。头部正中从吻鼻部裸露区向后至颈后部有一条白色条纹；前部毛白色而明显，向后至颈部渐有黑褐色毛混入，呈花白色，并向两侧扩展至耳壳后两侧肩部。吻鼻部两侧面至耳壳、穿过眼为一黑褐色宽带，向后渐宽，但在眼下方有一明显的白色区域，其后部黑褐色带渐浅。下颌及颏部白色，下颌口缘后方略有黑褐色与脸颊的黑褐色相接。背毛黑褐色为主，胸、腹部两侧颜色同背色，中间为黑褐色。四肢色同腹色。尾毛长，白色。

生活习性　猪獾喜欢穴居，在荒丘、路旁、田埂等处挖掘洞穴，也侵占其他兽类的洞穴。夜行性，性情凶猛，能在水中游泳。视觉差，但嗅觉灵敏，找寻食物时常抬头以鼻嗅闻，或以鼻翻掘泥土。猪獾杂食性，主要以蚯蚓、青蛙、蜥蜴、泥鳅、黄鳝、甲壳动物、昆虫、蜈蚣、小鸟和鼠类等动物为食，也吃玉米、小麦、土豆、花生等农作物。

地理分布　保护区内主要见于里东坑、徐罗坑、香菇棚、大头坑等山地常绿阔叶林及常绿、落叶阔叶混交林。浙江省内除海岛外均有分布。

018　食蟹獴 *Herpestes urva* Hodgson

食肉目 CARNIVORA　獴科 Herpestidae　獴属 *Herpestes*

别　　名　石獾

保护等级　浙江省重点保护野生动物

濒危等级　《中国生物多样性红色名录》：近危 (NT)；
IUCN 物种红色名录：无危 (LC)

形态特征　食蟹獴吻部细尖，尾基部粗大，往后逐渐变细。体毛粗长，尤以尾毛最甚。吻部和眼周淡栗棕色或红棕色，有一道白纹自口角向后延至肩部。下颔白色。身体背面呈灰棕黄色，并杂以黑色。背毛基部淡褐色，毛尖灰白色。腹部暗灰褐色，四肢及足部黑褐色。尾背面颜色与体背略同，唯在后半段多带棕黄色。近肛门处有 1 对臭腺。

生活习性　食蟹獴一般栖息于海拔 1000m 以下的树林草丛、土丘、石缝、土穴中，喜群居。喜栖于山林沟谷及溪水两旁的密林里，尤其是间杂有山坑田的山地杂木林区，更是它们经常活动的良好环境。洞栖型，洞穴结构较简单，多利用树洞、岩穴或草堆作窝。能攀缘上树捕捉鸟雀。日间活动，早晨和黄昏是活动的两次高潮，中午较少外出觅食。食性较杂，但以各种小型动物为主食。

地理分布　保护区内常见于横坑、龙井坑等常绿阔叶林及常绿、落叶阔叶混交林和灌木丛区域。浙江省内除海岛外均有分布。

027 毛冠鹿 *Elaphodus cephalophus* Milne-Edwards

偶蹄目 ARTIODACTYLA 鹿科 Cervidae 毛冠鹿属 *Elaphodus*

别　　名　青麂

保护等级　浙江省重点保护野生动物

濒危等级　《中国生物多样性红色名录》：易危（VU）；
IUCN 物种红色名录：近危（NT）

形态特征　毛冠鹿体型小于黑鹿，体长在 1000mm
以下。额部、头顶有一簇马蹄状的黑色长毛，该毛
长约 50mm，故称"毛冠鹿"。雄兽具有不开叉的角，
几乎隐于额部的长毛中。尾较短。通体毛色暗褐色
近黑色，颊部、眼下、嘴边色较浅，混杂有苍灰色毛，
耳尖及耳内缘近白色。体背直至臀部均为黑褐色。

腹部及尾下为白色。

生活习性　毛冠鹿栖居在山区的丘陵地带，繁茂的竹
林、竹阔混交林及茅草坡等处，白天隐居于林下灌丛
或竹林中，晨昏时出来活动觅食，一般成对活动。草
食性，食性与小鹿相似，均喜食蔷薇科、百合科和杜
鹃花科的植物，主食这些植物的枝叶。另外毛冠鹿有
时进入农田偷食玉米苗、大豆叶、薯类和花生叶等。

地理分布　保护区内见于高勘底附近常绿阔叶林及
常绿、落叶阔叶混交林和灌木丛区域。浙江省内除
海岛和北部平原外均有分布。

028 中华鬣羚 *Capricornis milneedwardsii* David

偶蹄目 ARTIODACTYLA   牛科 Bovidae   鬣羚属 *Capricornis*

别　　名　苏门羚、野山羊

保护等级　国家Ⅱ级重点保护野生动物

濒危等级　《中国生物多样性红色名录》：易危 (VU)；
IUCN 物种红色名录：近危 (NT)

形态特征　中华鬣羚外形似羊，略比斑羚大，有 1
对短而尖的黑角，自角基至颈背有长十几厘米的灰
白色鬣毛，甚为明显。颈背有鬃毛，吻鼻部黑色。
身体的毛色较深，以黑色为主，杂有灰褐色毛。暗
黑色的脊纹贯穿整个脊背。上下嘴唇、颌部污白色
或灰白色。前额、耳背沾有深浅不一的棕色。四肢
的毛为赤褐色，向下转为黄褐色。尾巴不长，与身
体的色调相同。

生活习性　中华鬣羚栖息于针阔混交林、针叶林或
多岩石的杂灌林，生活环境有两个突出特点：一个
是树林、竹林或灌丛十分茂密，另一个是地势非常
险峻。性情比较孤独，除了雄兽总是单独活动以外，
雌兽和幼仔也最多结成 4～5 只的小群，从不见较
大的群体。早晨和傍晚出来在林中空地、林缘或沟
谷一带摄食、饮水，主要以青草、树木嫩枝、叶、芽、
落果和菌类、松萝等为食。

地理分布　保护区内主要见于高勘底、里东坑、徐
罗坑、香菇棚、大头坑等高山的山地常绿阔叶林
及常绿、落叶阔叶混交林。浙江省内除海岛外均有
分布。

二、鸟类

029 鹌鹑 *Coturnix japonica* Temmick & Schlegel

鸡形目 GALLIFORMES　雉科 Phasianidae　鹌鹑属 *Coturnix*

别　　名　赤喉鹑、日本鹌鹑

濒危等级　《中国生物多样性红色名录》：无危（LC）；
IUCN 物种红色名录：近危（NT）

形态特征　鹌鹑体小（20cm）而滚圆，灰褐色，虹膜红褐色；嘴灰色；脚肉棕色。雄鸟头顶至后颈黑褐色；眉纹白色；眼圈、眼先和颊部均赤褐色，耳羽栗褐色；上背浅黄栗色，具黄白色羽干纹；下背、肩、腰和尾上覆羽黑褐色，多具两头尖的浅黄色羽干纹；上胸灰白沾栗色，颈侧和胸侧黑褐色而杂以栗褐色，两胁栗褐色而杂以黑色，下胸至尾下覆羽灰白色。雌鸟与雄鸟羽色相似。

生活习性　冬候鸟。鹌鹑栖息于山坡的茂密树林或竹林中，有时活动于农田，常成对或数只活动，夜晚栖息于树枝上。主食植物性食物，如各种杂草种子，植物幼芽、嫩叶及少量作物，有时也吃昆虫。

地理分布　保护区内见于高勘底、白水坑水库尾等地。浙江省内主要分布于南部。

030 黄腹角雉 *Tragopan caboti* (Gould)

鸡形目 GALLIFORMES　雉科 Phasianidae　角雉属 *Tragopan*

别　　名　角鸡、吐绶鸡
保护等级　国家Ⅰ级重点保护野生动物
濒危等级　《中国生物多样性红色名录》：濒危 (EN)；
IUCN 物种红色名录：易危 (VU)
形态特征　体大 (61cm) 而尾短，虹膜褐色，嘴灰色，
脚粉红色或肉色。雄鸟具一短距，具肉裾；额和头
顶均黑色；头上羽冠前黑色，后转为深橙红色；后
颈黑色，颈两侧深橙红色向下伸到胸的中部。上体
包括两翅的表面均黑色。下体几乎纯皮黄色，仅两
胁及覆腿羽稍杂以与上体近似的羽色。雌鸟无距，
亦不具肉裾，肉质角亦不发达；上体棕褐色，而满
杂以黑色和棕白色矢状斑；头顶黑色较多；尾上黑
色呈横斑状；下体较背淡皮黄色，胸多黑色粗斑，
腹部杂以明显的大型白斑，肛周羽和尾下覆羽灰

白色。
生活习性　留鸟。性好隐蔽，善于奔走，常在茂密
的林下灌丛和草丛中活动。主要在地面活动和取
食，白天常以松散形式在地面觅食，晚上则在树上
栖息，雨天或雪天亦栖于树上或在树上取食。主要
以植物的茎、叶、花、果实和种子为食，也吃昆
虫如白蚁和毛虫等少量动物性食物，尤其是繁殖
季节。
地理分布　保护区内分布于大龙岗、苏州岭、白
确际、华竹坑、枫树凹、大岗尖、香菇棚、高峰
等海拔较高区域。中国鸟类特有种。罕见于海拔
800～1400m 的亚热带常绿丘陵山地；浙江省内主
要分布于南部山地，见于衢州及泰顺、云和、遂昌、
龙泉等地。

031 勺鸡 *Pucrasia macrolopha* (Lesson)

鸡形目 GALLIFORMES　雉科 Phasianidae　勺鸡属 *Pucrasia*

别　　名　刁鸡、松鸡

保护等级　国家Ⅱ级重点保护野生动物

濒危等级　《中国生物多样性红色名录》：无危 (LC)；
IUCN 物种红色名录：无危 (LC)

形态特征　体大 (61cm) 而尾相对短的雉类。虹膜褐色；嘴黑褐色；脚及趾等均暗红色。雄鸟头顶棕褐色，冠羽细长；头部其余部分包括颏、喉等均为黑色，而带暗绿色的金属反光；颈侧白斑后面及背的极上部均淡棕黄色，形成领环状；下体中央自喉至下腹为栗色；体侧与上体相似；尾下覆羽暗栗色，具黑色次端斑和白色端斑。雌鸟体型较小，具冠羽但无长的耳羽束；体羽图纹与雄鸟同。

生活习性　留鸟。性情机警，很少结群，夜晚也成对在树枝上过夜。雄鸟在清晨和傍晚时喜欢鸣叫。秋冬季则结成家族小群。遇警情时深伏不动，不易被赶。雄鸟炫耀时耳羽束竖起。常在地面以树叶、杂草筑巢。以植物根、果实及种子为主食，此外也吃少量昆虫、蜗牛等动物性食物。

地理分布　保护区内发现于大龙岗、红岩顶、龙井坑、苏州岭、白确际、徐福年、小子坑和小龙等区域。浙江省内分布于各地丘陵山地。

032 白鹇 *Lophura nycthemera* (Linnaeus)

鸡形目 GALLIFORMES 雉科 Phasianidae 鹇属 *Lophura*

别　　名　白山鸡、白鹇鸡

保护等级　国家Ⅱ级重点保护野生动物

濒危等级　《中国生物多样性红色名录》：无危 (LC)；
IUCN 物种红色名录：无危 (LC)

形态特征　虹膜橙黄色或红褐色，嘴角绿色，脚红色。
雄鸟体大 (94～110cm)，头上羽冠及下体蓝黑色，
耳羽灰白色，脸的裸露部赤红色；上体和两翅白色，
自后颈或上背起密布近似"V"字形的黑纹；尾甚长，
中央尾羽几纯白色，背及其余尾羽白色带黑斑和细
纹；额、喉、胸、腹、尾下覆羽等均为纯辉蓝黑色。
雌鸟上体橄榄褐色至栗色，下体具褐色细纹或杂白

色或皮黄色，具暗色冠羽，红色脸颊裸皮。

生活习性　留鸟。成对或小群活动，由一只强壮的
雄鸟和若干只成年雌鸟、不太强壮或年龄不大的雄
鸟及幼鸟组成。性机警，胆小怕人，通常在天亮后
即从夜栖树上飞到地面活动。活动多在巢域内，
每日活动路线、范围、地点都较固定。白鹇为杂食
性，主要以植物的嫩叶、幼芽、花、茎、浆果、
种子，以及根和苔藓等为食，也吃昆虫等动物性
食物。

地理分布　保护区内分布广泛。浙江省内分布于全
省丘陵山地。

033 白颈长尾雉 *Syrmaticus ellioti* (Swinhoe)

鸡形目 GALLIFORMES　雉科 Phasianidae　长尾雉属 *Syrmaticus*

别　　名　山鸡、红山鸡、高山雉鸡、锦鸡

保护等级　国家 I 级重点保护野生动物

濒危等级　《中国生物多样性红色名录》：易危 (VU)；
IUCN 物种红色名录：近危 (NT)

形态特征　虹膜褐色至浅栗色；嘴黄色；脚蓝灰色。
雄鸟，体大 (81cm) 的近褐色雉；头灰褐色，颈白色，
脸颊裸皮猩红色；上背、胸和两翅栗色；下背和腰
黑色而具白斑；腹白色，尾灰色而具宽阔栗斑。黑
色的额、喉及白色的腹部为本种特征。雌鸟 (45cm)，
体羽大都棕褐色；枕及后颈灰色，喉及前颈黑色，
上体其余部位杂以栗色、灰色及黑色蠹斑；胸和两
胁浅棕褐色，具白色羽端和微杂黑斑，下体余部白

色上具棕黄色横斑。

生活习性　留鸟。喜集群，常呈 3～8 只的小群活动。
多出入于森林茂密、地形复杂的崎岖山地和山谷间。
性胆怯而机警，活动时很少鸣叫，因此难于见到。
活动以早晚为主，常常边游荡边取食，中午休息，
晚上栖息于树上。以植物性食物为主，如种子、浆果、
嫩叶等，也吃昆虫。在地面以枯枝落叶筑结构简单
的巢。

地理分布　保护区内发现于徐罗坑、龙井坑、苏州
岭和山坑尾等地。浙江省内分布于各地丘陵山地，
沿海地区在海拔 200～500m，内陆为海拔 1000～
1500m。

034 白眉山鹧鸪 *Arborophila gingica* (Gmelin)

鸡形目 GALLIFORMES　雉科 Phasianidae　山鹧鸪属 *Arborophila*

别　　名　山鹑鸪
保护等级　浙江省重点保护野生动物
濒危等级　《中国生物多样性红色名录》：易危 (VU)；
IUCN 物种红色名录：近危 (NT)
形态特征　中等体型 (30cm) 的灰褐色山鹧鸪。虹膜暗褐色，嘴黑色，口裂肉色，眼周皮肤红色，脚和趾亮红色，爪粉红褐色，无距。雄鸟，额头和头顶前部白色，在两侧向后延伸成白色带黑点的眉纹，直至后颈；头顶栗色，耳羽黑褐色。背部至尾橄榄褐色，腰和尾上覆羽末端有一椭圆形黑斑；尾羽橄榄褐色，并具黑斑纹。肩羽与背同色，翅上覆羽栗色，具大型橄榄灰和黑色斑；胸及两胁铁灰色，两胁羽缘具栗色斑纹；腹白色；尾下覆羽浅黑色。雌鸟，似雄鸟，后颈基部橙栗色，尾下覆羽栗色和白色，仅羽基略带浅黑色。

生活习性　留鸟。以溪边潮湿阴郁的丛林内较多。成对活动，冬季集成小群，多在林间地面活动。常在林下茂密的植物丛或林缘灌丛地带活动，晚上栖于树上。主要以橡子、浆果等植物果实与种子为食；也吃昆虫和其他小型无脊椎动物。

地理分布　保护区内发现于招军岭、徐罗坑、飞连排、野猪浆、东坑凹、大尖尾、龙井坑、苏州岭和豺狗坑等区域。浙江省内主要分布于南部山地。

035 小天鹅 *Cygnus columbianus* (Ord)

雁形目 ANSERIFORMES 鸭科 Anatidae 天鹅属 *Cygnus*

别　　名　短嘴天鹅、啸声天鹅
保护等级　国家Ⅱ级重点保护野生动物
濒危等级　《中国生物多样性红色名录》：近危（NT）；
IUCN 物种红色名录：无危（LC）
形态特征　体大（142cm）的白色天鹅，大型游禽，
嘴黑；虹膜褐色；嘴黑色带黄色嘴基；脚黑色。雌
鸟略小。它与大天鹅在体形上非常相似，同样是长
长的脖颈，纯白的羽毛，黑色的脚和蹼，身体也只
是稍稍小一些，颈部和嘴比大天鹅略短。头顶至枕
部常略沾有棕黄色，虹膜为棕色，嘴端为黑色。两

性同色，成鸟全身羽毛白色。
生活习性　冬候鸟。主要栖息在多芦苇、蒲草和其
他水生植物的大型湖泊、水库、水塘与河湾等地方，
也出现在湿草地和水淹平原、沼泽、海滩及河口地带。
行动极为小心谨慎，常常远远地离开人群和其他危
险地带。主要以水生植物的叶、根、茎和种子等为食，
也吃少量螺类、软体动物、水生昆虫和其他小型水
生动物，有时还吃农作物的种子、幼苗等。
地理分布　保护区内见于白水坑水库一带。浙江全
省均有分布；常见于沿海一带。

036 鸳鸯 *Aix galericulata* (Linnaeus)

雁形目 ANSERIFORMES 鸭科 Anatidae 鸳鸯属 *Aix*

别　　名　官鸭、匹鸟

保护等级　国家Ⅱ级重点保护野生动物

濒危等级　《中国生物多样性红色名录》：近危 (NT)；

IUCN 物种红色名录：无危 (LC)

形态特征　体小（40cm）而色彩艳丽的鸭类，虹膜褐色，雄鸟嘴暗红色，尖端白色。雌鸟嘴灰色中透粉色，嘴基白色，脚橙黄色。雄鸟，额和头顶中央翠绿色，并具金属光泽；枕部铜赤色，与后颈的暗紫绿色长羽组成羽冠；眼先淡黄色，颊部具棕栗色斑；颏、喉纯栗色；颈侧具长矛形的辉栗色领羽。背、腰暗褐色，并具铜绿色金属光泽；翅上覆羽与背同色；尾羽暗褐色而带金属绿色。上胸和胸侧暗紫色，下胸至尾下覆羽乳白色，其后两胁为紫赭色，腋羽褐色。雌鸟头和后颈灰褐色，无冠羽，眼周白色，其后一条白纹与眼周白圈相连。上体灰褐色，两翅和雄鸟相似。颏、喉白色。胸、胸侧和两胁暗棕褐色，杂有淡色斑点。腹和尾下覆羽白色。

生活习性　冬候鸟。繁殖期主要栖息于山地森林河流、湖泊、水塘、芦苇沼泽和稻田地中，营巢于树上洞穴或河岸，活动于多林木的溪流。冬季多栖息于大的开阔湖泊、江河和沼泽地带，有时也同其他野鸭混在一起。杂食性，食物的种类常随季节和栖息地的不同而有变化，繁殖季节以动物性食物为主。

地理分布　保护区内见于白水坑水库尾的库湾溪流中。浙江省山塘水库均有分布。

037 赤颈鸭 *Mareca penelope* (Linnaeus)

雁形目 ANSERIFORMES 鸭科 Anatidae 赤颈鸭属 *Mareca*

别 名 赤颈凫、红头

保护等级 浙江省重点保护野生动物

濒危等级 《中国生物多样性红色名录》：无危（LC）；
IUCN 物种红色名录：无危（LC）

形态特征 中等体型（47cm）的大头鸭；虹膜棕色；嘴蓝绿色；脚灰色。雄鸟额至头顶乳黄色或棕白色，其余头部和颈棕红色。上体灰白色，密杂以暗褐色波状细纹。翅上小覆羽灰褐色而具白色虫蠹状斑。尾羽黑褐色。颏和喉的中部暗褐色，胸及两侧棕灰色。腹纯白色，两胁灰白色，腋羽和翼下覆羽白色。雄鸟非繁殖羽似雌鸟。雌鸟通体棕褐色或灰褐色，腹白。飞行时浅灰色的翅覆羽与深色的飞羽成对照；下翼灰色。

生活习性 冬候鸟。栖息于江河、湖泊、水塘、河口、海湾、沼泽等各类水域中，尤其喜欢在富有水生植物的开阔水域中活动。主要以植物性食物为食。常成群在水边浅水处水草丛中或沼泽地上觅食眼子菜、藻类和其他水生植物的根、茎、叶和果实。也常到岸上或农田觅食青草、杂草种子和农作物，也吃少量动物性食物。

地理分布 保护区主要分布于区内及周边的河流水库区域。浙江全省均有分布。

038 绿头鸭 *Anas platyrhynchos* Linnaeus

雁形目 ANSERIFORMES　鸭科 Anatidae　河鸭属 *Anas*

别　　名　大绿头、真野鸭

保护等级　浙江省重点保护野生动物

濒危等级　《中国生物多样性红色名录》：无危 (LC)；
IUCN 物种红色名录：无危 (LC)

形态特征　中等体型 (58cm)，为家鸭的野型；虹膜褐色；嘴黄色；脚橘黄色。头和颈辉绿色，颈部有一明显的白色领环。上体黑褐色，腰和尾上覆羽黑色，2 对中央尾羽亦为黑色，且向上卷曲成钩状；外侧尾羽白色。胸栗色。翅、两胁和腹灰白色，具紫蓝色翼镜，翼镜上下缘具宽的白边。雌鸭嘴黑褐色，嘴端暗棕黄色，脚橙黄色，头顶至枕后黑色，并密杂以棕黄色，头侧、后颈和颈侧浅棕红色，杂有黑褐色细纹，贯眼纹黑褐色；上体全为黑褐色，而具棕黄或棕白羽缘和 "V" 形斑；下体余部浅棕或棕白色；并杂有暗褐色粗斑或纵纹。

生活习性　冬候鸟。常栖息于淡水湖畔，亦成群活动于江河、湖泊、水库、海湾和沿海滩涂盐场等水域。杂食性，主要以野生植物的叶、芽、茎、水藻和种子等植物性食物为食，也吃软体动物、甲壳类、水生昆虫等动物性食物。

地理分布　保护区主要分布于区内及周边的河流水库区域，冬季遍布我国中部和南部。浙江全省各地水域均有分布。

039　斑嘴鸭 *Anas zonorhyncha* Forster

雁形目 ANSERIFORMES　鸭科 Anatidae　河鸭属 *Anas*

保护等级　浙江省重点保护野生动物

濒危等级　《中国生物多样性红色名录》：无危 (LC)；IUCN 物种红色名录：无危 (LC)

形态特征　体大 (60cm) 的深褐色鸭；虹膜褐色；嘴黑色而端黄色；脚珊瑚红色。雄鸭从额至枕棕褐色，从嘴基经眼至耳区有一棕褐色纹；眉纹淡黄白色；眼先、颊、颈侧、颏、喉均呈淡黄白色。上背灰褐沾棕色，下背褐色；腰、尾上覆羽和尾羽黑褐色，尾羽羽缘较浅淡。初级飞羽棕褐色。胸淡棕白色，杂有褐色斑；腹褐色，羽缘灰褐色至黑褐色；尾下覆羽黑色，翼下覆羽和腋羽白色。雌鸟似雄鸟，但褐色较淡。

生活习性　冬候鸟，少数留鸟。除繁殖期外，常成群活动，也和其他鸭类混群；善游泳，亦善于行走，但很少潜水；活动时常成对或分散成小群游泳于水面，清晨和黄昏则成群飞往附近农田、沟渠、水塘和沼泽地上寻食。主要吃植物性食物，常见的主要为水生植物的叶、嫩芽、茎、根和松藻、浮藻等水生藻类，草籽和谷物种子，也吃昆虫、软体动物等动物性食物。

地理分布　保护区主要分布于区内及周边的河流水库区域。浙江全省均有分布。

040 绿翅鸭 *Anas crecca* Linnaeus

雁形目 ANSERIFORMES　鸭科 Anatidae　河鸭属 *Anas*

别　　名　小凫、小水鸭、小麻鸭

保护等级　浙江省重点保护野生动物

濒危等级　《中国生物多样性红色名录》：无危 (LC)；
IUCN 物种红色名录：无危 (LC)

形态特征　体小 (37cm)、飞行快速的鸭类，绿色翼镜在飞行时显而易见；虹膜褐色；嘴灰色；脚灰色。雄鸟繁殖羽头和颈深栗色。上背、两肩的大部分和两胁均为黑白相间的虫蠹状细斑；下背和腰暗褐色，羽缘较淡；尾上覆羽黑褐色，具浅棕色羽缘。下体棕白色，胸部满杂以黑色小圆点，下腹亦微具暗褐色虫蠹状细斑；尾下覆羽两侧前端为绒黑色，后部为乳黄色，中央尾下覆羽绒黑色。雌鸟，上体暗褐色，具棕色或棕白色羽缘；下体白色或棕白色，杂以褐色斑点；下腹和两胁具暗褐色斑点。翼镜较雄鸟为小，尾下覆羽白色，具黑色羽轴纹。

生活习性　冬候鸟。喜集群，特别是迁徙季节和冬季，常集成数百甚至上千只的大群活动。飞行疾速、敏捷有力。杂食性，冬季主要以植物性食物为主，特别是水生植物种子和嫩叶，有时也到附近农田觅食收获后散落在地上的谷粒。其他季节除吃植物性食物外，也吃螺、甲壳类、软体动物、水生昆虫和其他小型无脊椎动物。

地理分布　保护区主要分布于区内及周边的河流水库区域。浙江全省均有分布。

041 普通秋沙鸭 *Mergus merganser* Linnaeus

雁形目 ANSERIFORMES 鸭科 Anatidae 秋沙鸭属 *Mergus*

别　　名　秋沙鸭、拉他鸭子

保护等级　浙江省重点保护野生动物

濒危等级　《中国生物多样性红色名录》：无危 (LC)；

IUCN 物种红色名录：无危 (LC)

形态特征　体型略大 (68cm) 的食鱼鸭；虹膜褐色；嘴红色；脚红色。雄鸟头和上颈黑褐色，具绿色金属光泽，枕具短而厚的黑褐色羽冠，下颈白色。上背黑褐色，肩羽外侧白色，内侧黑褐色，下背灰褐色，腰和尾上覆羽灰色。下体从下颈、胸，一直到尾下覆羽均为白色。雌鸟额、头顶、枕和后颈棕褐色，头侧、颈侧及前颈淡棕色，肩羽灰褐色，翅上次级覆羽灰色，颏、喉白色，微缀棕色，体两侧灰色而具白斑。

生活习性　冬候鸟。栖息于各淡水水域，常见在大的内陆湖泊、江河、水库、池塘、河口水域及江河的上游，常成小群。该鸭主要以鱼为食，食物主要为小鱼，也大量捕食软体动物、甲壳类、石蚕等水生无脊椎动物，偶尔也吃少量植物性食物。

地理分布　保护区主要分布于区内及周边的河流水库区域。浙江全省均有分布。

042 褐翅鸦鹃 *Centropus sinensis* (Stephens)

鹃形目 CUCULIFORMES　杜鹃科 Cuculidae　鸦鹃属 *Centropus*

别　　名　黄蜂、大毛鸡
保护等级　国家 II 级重点保护野生动物
濒危等级　《中国生物多样性红色名录》：无危 (LC)；
IUCN 物种红色名录：无危 (LC)
形态特征　体大 (52cm) 而尾长的鸦鹃；虹膜红色；嘴黑色；脚黑色。雄鸟体色除两翅红褐色外，通体黑色，其中头后、颈后、前胸略有蓝黑色金属光泽，羽干色稍淡，坚挺如针状；腰、腹羽长而蓬松，略呈绒状；翼下覆羽黑褐色具有光泽。雌鸟通体除两翅和肩外，概灰黑色，其中头后、颈后、前胸部分呈蓝色金属光泽；头侧及下体包括尾下覆羽都有灰白色细横纹，羽干浅褐色；翅、肩栗褐色；下体都具有不规则横斑。

生活习性　留鸟。喜欢单个或成对活动，很少成群。平时多在地面活动，休息时也栖息于小树枝桠，或在芦苇顶上晒太阳，尤其在雨后。褐翅鸦鹃食性较杂，主要以毛虫、蝗虫、蚱蜢、象甲等昆虫为食，也吃蜈蚣、蟹、螺、蚯蚓、甲壳类、软体动物，以及蛇、蜥蜴、鼠类、鸟卵和雏鸟等脊椎动物，有时还吃一些杂草种子和果实等植物性食物。

地理分布　保护区内见于高勘底。浙江省内还分布于宁波及临安、德清但数量较少。

043 噪鹃 *Eudynamys scolopaceus* (Linnaeus)

鹃形目 CUCULIFORMES　杜鹃科 Cuculidae　噪鹃属 *Eudynamys*

别　　名　哥好雀、嫂鸟
保护等级　浙江省重点保护野生动物
濒危等级　《中国生物多样性红色名录》：无危 (LC)；
IUCN 物种红色名录：无危 (LC)
形态特征　体大 (42cm) 的杜鹃；虹膜红色；嘴浅绿色；脚蓝灰色。雄鸟通体蓝黑色，具蓝色光泽，下体沾绿色。雌鸟上体暗褐色，略具金属绿色光泽，并满布整齐的白色小斑点，头部白色小斑点略沾皮黄色，且较细密，常呈纵纹头状排列。额至上胸黑色，密被粗的白色斑点。其余下体具黑色横斑。

生活习性　夏候鸟。栖息于山地、丘陵、山脚平原地带林木茂盛的地方，常出现在村庄和耕地附近的高大树上。多单独活动。常隐蔽于大树顶层茂盛的枝叶丛中，一般仅能听见其声而不见其影。食性较杂，以植物果实、种子为食，也吃毛虫、蚱蜢、甲虫等昆虫和昆虫幼虫。自己不营巢和孵卵，通常将卵产在喜鹊和红嘴蓝鹊等鸟巢中，由其他鸟代孵代育。
地理分布　保护区内见于高峰、招军岭、徐罗坑等地。浙江省内主要分布于南部地区。

044 大鹰鹃 *Hierococcyx sparverioides* (Vigors)

鹃形目 CUCULIFORMES 杜鹃科 Cuculidae 鹰鹃属 *Hierococcyx*

别　　名　鹰头杜鹃

保护等级　浙江省重点保护野生动物

濒危等级　《中国生物多样性红色名录》：无危 (LC)；

IUCN 物种红色名录：无危 (LC)

形态特征　体型略大 (40cm) 的灰褐色鹰样杜鹃。虹膜橘黄色；上嘴黑色，下嘴黄绿色；脚浅黄色。雄鸟，羽色与雀鹰略似，但嘴尖端无利钩，脚细弱而无锐爪。头灰色；背褐色；尾具宽阔横斑；喉及上胸具纵纹，下胸和腹密布横斑。成鸟头和颈的背面和两侧乌灰色；上体余部及翅表面概辉褐色，尾上覆羽稍杂以白斑；飞羽内翈满布白斑；尾亦褐色，杂以宽阔的黑斑。额黑色；喉和胸白色，而缀以棕色，并具灰色羽干纹；下胸和腹亦白色，而满布有黑褐色横斑；尾下覆羽绒白色。体形与羽色酷似苍鹰，故有"鹰鹃"的名称。雌鸟与雄鸟相似。

生活习性　夏候鸟。多单独活动于山林中的高大乔木上，有时亦见于近山平原。喜隐蔽于枝叶间鸣叫，繁殖期中，常彻夜狂叫不休。大鹰鹃的食物以昆虫为主，特别是鳞翅目幼虫、蝗虫、蚂蚁和鞘翅目昆虫最为喜欢，亦兼吃果类。不自营巢，卵大多产于各种画眉的旧巢中，让其他鸟代孵和喂养。

地理分布　保护区内见于红岩顶。浙江省内主要分布于东南部。

045 四声杜鹃 *Cuculus micropterus* Gould

鹃形目 CUCULIFORMES 杜鹃科 Cuculidae 杜鹃属 *Cuculus*

别 名 光棍好过、快快割麦

保护等级 浙江省重点保护野生动物

濒危等级 《中国生物多样性红色名录》：无危（LC）；IUCN 物种红色名录：无危（LC）

形态特征 中等体型（30cm）的偏灰色杜鹃。虹膜红褐色，眼圈黄色，上嘴黑色、下嘴偏绿色，脚黄色。雄鸟头顶至枕暗灰色，头侧灰色显褐，额暗灰沾棕色，眼先淡灰色。后颈、背、腰、翅上覆羽和次级、三级飞羽浓褐色。初级飞羽浅黑褐色，内侧具白色横斑。胸和颈基两侧浅灰色，羽端浓褐色并具棕褐色斑点，形成不明显的棕褐色半圆形胸环。下胸、两胁和腹白色，具宽的黑褐色横斑，横斑间的间距也较大。下腹至尾下覆羽污白色，羽干两侧具黑褐色斑块。雌鸟似雄鸟，胸部稍沾棕色。

生活习性 夏候鸟。游动性较大，无固定的居留地。性机警，出没于平原以至高山的大森林中，非常隐蔽。主要以昆虫为食，特别是毛虫，尤其喜吃鳞翅目幼虫，如松毛虫，树粉蝶幼虫，蛾类等，兼食金龟虫甲、虎虫甲，有时也吃植物种子等少量植物性食物。

地理分布 保护区内见于大子坑、里东坑、荒田头等地。浙江全省均有分布。

046 凤头蜂鹰 *Pernis ptilorhynchus* (Temminck)

鹰形目 ACCIPITRIFORMES　鹰科 Accipitridae　蜂鹰属 *Pernis*

别　　名　雕头鹰、蜜鹰

保护等级　国家 II 级重点保护野生动物

濒危等级　《中国生物多样性红色名录》：近危 (NT)；
IUCN 物种红色名录：无危 (LC)

形态特征　体型略大 (58cm) 的深色鹰；虹膜橘黄色；嘴灰色；脚黄色。头顶暗褐色至黑褐色，头侧具有短而硬的鳞片状羽毛。头的后枕部通常具有短的黑色羽冠。上体通常为黑褐色，头侧为灰色，喉部白色，具有黑色的中央斑纹，其余下体为棕褐色或栗褐色，具有淡红褐色和白色相间排列的横带。

凤头蜂鹰的体色变化较大，但通过头侧短而硬的鳞片状羽和尾羽的数条暗色宽带斑，可以与其他猛禽相区别。

生活习性　旅鸟。常栖息于不同海拔的阔叶林、针叶林和混交林中，主要以黄蜂、胡蜂、蜜蜂和其他蜂类为食，也吃其他昆虫和昆虫幼虫，偶尔也吃小的蛇类、蜥蜴、蛙、小型哺乳动物、鸟和鸟卵等动物性食物。

地理分布　保护区内见于雪岭、小龙、大子坑等地。浙江省内分布于全省各地山地林区。

047 黑冠鹃隼 *Aviceda leuphotes* (Dumont)

鹰形目 ACCIPITRIFORMES 鹰科 Accipitridae 鹃隼属 *Aviceda*

别　　名　虫鹰
保护等级　国家Ⅱ级重点保护野生动物
濒危等级　《中国生物多样性红色名录》：无危（LC）；
IUCN 物种红色名录：无危（LC）
形态特征　体型略小（32cm）的黑白色鹃隼；虹膜为紫褐色或血红褐色；嘴和腿均为铅色。雄鸟头顶具有长而垂直竖立的蓝黑色冠羽，极为显著；头部、颈部、背部尾上的覆羽和尾羽都呈黑褐色，并具有蓝色的金属光泽，喉部和颈部为黑色；上胸具有一个宽阔的星月形白斑，下胸和腹侧具有宽的白色和栗色横斑，腹部的中央、腿上的覆羽和尾下的覆羽均为黑色，尾羽内侧为白色，外侧具有栗色块斑，

翅膀和肩部具有白斑。雌鸟羽色与雄鸟相似，但次级飞羽外翈无白色。
生活习性　夏候鸟或留鸟。常单独活动。常在森林上空翱翔和盘旋，间或做一些鼓翼飞翔，活动极为悠闲，有时也在林内和地上活动和捕食。性警觉而胆小，但有时也显得迟钝而懒散，头上的羽冠经常忽而高高地耸立。活动主要在白天，特别是清晨和黄昏较为活跃。主要以蝗虫、蚱蜢、蝉、蚂蚁等昆虫为食，也特别爱吃蝙蝠，以及鼠类、蜥蜴和蛙等小型脊椎动物。
地理分布　保护区内见于交溪口周边林区。浙江省内数量较少，主要分布于西南山区。

048 林雕 *Ictinaetus malaiensis* (Temminck)

别　名　树鹰

保护等级　国家Ⅱ级重点保护野生动物

濒危等级　《中国生物多样性红色名录》：易危 (VU)；
IUCN 物种红色名录：无危 (LC)

形态特征　体大 (70cm) 的褐黑色雕，中型猛禽，雌雄同色，嘴铅色，尖端黑色，蜡膜和嘴裂黄色，趾黄色，爪黑色。跗跖被羽，尾羽较长而窄，呈方形。飞翔时从下面看两翅宽长，翅基较窄，后缘略微凸出，尾羽上具有多条淡色横斑和宽阔的黑色端斑；两翼后缘近身体处明显内凹，因而使翼基部明显较窄，使翼后缘凸出，飞翔时极微明显。下体也是黑褐色，但较上体稍淡。

生活习性　留鸟。栖息于山地森林中，特别是中低山地区的阔叶林和混交林地区，有时也沿着林缘地带飞翔巡猎，但从不远离森林，是一种完全以森林为其栖息环境的猛禽。飞行时两翅扇动缓慢，同时它也能高速地在浓密的森林中飞行和追捕猎物。主要以鼠类、蛇类、雉鸡、蛙、蜥蜴、小鸟和鸟卵及大的昆虫等动物性食物为食。

地理分布　保护区内见于安民关和东坑口。在浙江全省各地中低山地区的阔叶林和混交林地区均有分布，但是数量不多。

049　蛇雕 *Spilornis cheela* (Latham)

鹰形目 ACCIPITRIFORMES　鹰科 Accipitridae　蛇雕属 *Spilornis*

别　　名　凤头捕蛇雕、白腹蛇雕

保护等级　国家Ⅱ级重点保护野生动物

濒危等级　《中国生物多样性红色名录》：近危（NT）；IUCN 物种红色名录：无危（LC）

形态特征　成鸟，前额白色，头顶黑色，羽基白色；枕部有大而显著的黑色羽冠，通常呈扇形展开，其上有白色横斑。上体灰褐至暗褐色，具窄的白色或淡棕黄色羽缘，尾上覆羽具白色尖端，尾黑色，具1条宽阔的白色或灰白色中央横带和窄的白色尖端，翅上小覆羽褐色或暗褐色，具白色斑点，飞羽黑色，具白色端斑和淡褐色横斑。喉和胸灰褐色或黑色，具淡色或暗色虫蠹状斑；其余下体灰皮黄色或棕褐色，具丰富的白色圆形细斑。翼下覆羽和腋羽皮黄褐色，亦被白色圆形细斑。

生活习性　留鸟。通常栖息于山林间,善高翔于空中,有时可达人眼不易见到的高度。营巢于高大树上。嗜吃蛇类,有时亦吃其他爬行类、鼠类、鸟类及大型昆虫等。

地理分布　保护区内见于高勘底、雪岭、大子坑等地。浙江省内主要分布于南部山地。

050 赤腹鹰 *Accipiter soloensis* (Horsfield)

鹰形目 ACCIPITRIFORMES　鹰科 Accipitridae　鹰属 *Accipiter*

别　　名　鸽子鹰
保护等级　国家Ⅱ级重点保护野生动物
濒危等级　《中国生物多样性红色名录》：无危 (LC)；
IUCN 物种红色名录：无危 (LC)
形态特征　中等体型 (33cm) 的鹰类，虹膜红或褐色；嘴灰色，端黑，蜡膜橘黄色；脚橘黄色。雄鸟上体及两翼的表面呈灰蓝色，后颈、肩及三级飞羽的基部缀白色，其余飞羽内翈基部亦然；中央尾羽灰黑色，先端较暗；其余尾羽暗褐色，具黑褐色横斑。颊、颈侧暗灰色；颏、喉乳白色，微染纤细的羽干纹；胸污棕色，上胸及两胁沾灰色；腹及尾下覆羽乳白色，上腹沾污棕色；覆腿羽乳白沾灰色。翼下覆羽淡皮黄色。雌鸟羽色与雄鸟相似，但中央尾羽微具暗色横斑，上腹隐现污棕色横斑。亚成鸟，上体褐色，尾具深色横斑，下体白色，喉具纵纹，胸部及腿上具褐色横斑。

生活习性　夏候鸟。喜开阔林区，性善隐藏而机警，常躲藏在树叶丛中，有时也栖于空旷处孤立的树枝上。主要以蛙、蜥蜴等动物性食物为食，也吃小型鸟类、鼠类和昆虫。主要在地面上捕食，常站在树顶等高处，见到猎物则突然冲下捕食。

地理分布　保护区内见于龙井坑、高峰、野猪浆等地。浙江省内各地均有分布，但是数量不多。

051 松雀鹰 *Accipiter virgatus* (Temminck)

鹰形目 ACCIPITRIFORMES　鹰科 Accipitridae　鹰属 *Accipiter*

别　　名　松子鹰

保护等级　国家II级重点保护野生动物

濒危等级　《中国生物多样性红色名录》：无危（LC）；IUCN 物种红色名录：无危（LC）

形态特征　中等体型（33cm）的深色鹰。虹膜、蜡膜和脚黄色，嘴在基部为铅蓝色，尖端黑色。雄鸟整个头顶至后颈石板黑色，头顶缀有棕褐色；眼先白色；额和喉白色，头侧、颈侧和其余上体暗灰褐色；颈项和后颈基部羽毛白色，尾和尾上覆羽灰褐色，尾具4道黑褐色横斑。具有1条宽阔的黑褐色中央纵纹；胸和两肋白色，具宽而粗著的灰栗色横斑；腹白色，具灰褐色横斑；覆腿羽白色，亦具灰褐色横斑。尾下覆羽白色，具少许断裂的暗灰褐色横斑。雌鸟和雄鸟相似，但上体更富褐色，头相当暗褐。下体白色，喉部中央具宽的黑色中央纹，雄鸟亦具褐色纵纹，腹和两肋具横斑。

生活习性　留鸟。常单独或成对在林缘和丛林边等较为空旷处活动和觅食。性机警。以各种小鸟为食，也吃蜥蜴、蝗虫、蚱蜢、甲虫及其他昆虫和小型鼠类，有时甚至捕杀鹌鹑和鸠鸽类中小型鸟类。

地理分布　保护区内见于高峰、荒田头、徐罗坑。在浙江省内分布较广，但数量较少。

052 凤头鹰 *Accipiter trivirgatus* (Temminck)

鹰形目 ACCIPITRIFORMES　鹰科 Accipitridae　鹰属 *Accipiter*

别　　名　凤头雀鹰、凤头苍鹰
保护等级　国家 II 级重点保护野生动物
濒危等级　《中国生物多样性红色名录》：近危 (NT)；
IUCN 物种红色名录：无危 (LC)
形态特征　体大 (42cm) 的强健鹰类，具短羽冠；
虹膜褐色至成鸟的绿黄色；嘴灰色，蜡膜黄色；腿
及脚黄色。雄鸟，头、颈侧灰色，喉白具喉央纹及
髭纹，胸具点状棕纵纹，腹具宽棕横纹。上体暗褐
色，尾覆羽尖端白色；尾淡褐色，具白色端斑和 1
条隐蔽而不甚显著的横带及 4 条显露的暗褐色横带；
额、喉和胸白色；胸具宽的棕褐色纵纹，尾下覆羽
白色；胸以下具暗棕褐色与白色相间排列的横斑。
虹膜金黄色，嘴角褐色或铅色，嘴峰和嘴尖黑色，

口角黄色，蜡膜和眼睑黄绿色，脚和趾淡黄色，爪
角黑色。雌鸟，似雄鸟，显著大于雄鸟。亚成 / 幼鸟，
下体皮黄白色或淡棕色或白色，两侧具较多点状
纵纹。

生活习性　留鸟。性善隐藏而机警，常躲藏在树
叶丛中，有时也栖于空旷处孤立的树枝上。日出
性。多单独活动。领域性甚强。主要以蛙、蜥蜴、
鼠类、昆虫等动物性食物为食，也吃鸟和小型哺乳
动物。主要在森林中的地面上捕食，常躲藏在树枝
丛间，发现猎物时才突然出击。

地理分布　保护区内调查发现于交溪口、高峰等地
的森林上空。在浙江省内分布范围较为广泛，多见
于省内森林及周边地区。

053 黑鸢 *Milvus migrans* (Boddaert)

鹰形目 ACCIPITRIFORMES　鹰科 Accipitridae　鸢属 *Milvus*

别　　名　黑耳鸢、老鹰
保护等级　国家 II 级重点保护野生动物
濒危等级　《中国生物多样性红色名录》：易危（VU）；
IUCN 物种红色名录：无危（LC）
形态特征　雌雄同色，虹膜暗褐色、嘴黑色、蜡膜
和下嘴基部黄绿色；脚和趾黄色或黄绿色，爪黑色。
中等体型（55cm）的深褐色猛禽。前额基部和眼先
灰白色，耳羽黑褐色，头顶至后颈棕褐色，额、颊
和喉灰白色。上体暗褐色，微具紫色光泽和不甚明
显的暗色细横纹和淡色端缘，尾棕褐色，呈浅叉状；
胸、腹及两胁暗棕褐色，具黑褐色羽干纹，下腹至

肛部羽毛稍浅淡，呈棕黄色，几无羽干纹，或羽干
纹较细，尾下覆羽灰褐色，翅上覆羽棕褐色。幼鸟
全身大都栗褐色，头、颈大多具棕白色羽干纹；胸、
腹具有宽阔的棕白色纵纹，翅上覆羽具白色端斑，
尾上横斑不明显，其余似成鸟。
生活习性　留鸟。白天活动，常单独在高空飞翔。
性机警，人很难接近。主要以小鸟、鼠类、蛇、蛙、
鱼、野兔、蜥蜴和昆虫等动物性食物为食，偶尔也
吃家禽和腐尸。
地理分布　保护区内见于白水坑水库周边区域的山
林中。浙江全省均有分布。

054 领角鸮 *Otus lettia* Hodgson

鸮形目 STRIGIFORME　鸱鸮科 Strigidae　角鸮属 *Otus*

别　　名　猫头鹰

保护等级　国家 II 级重点保护野生动物

濒危等级　《中国生物多样性红色名录》：无危 (LC)；
IUCN 物种红色名录：无危 (LC)

形态特征　体型略大 (24cm) 的偏灰或偏褐色角鸮；
虹膜深褐色；嘴黄色；脚污黄色。成鸟额和面盘白色
或灰白色，稍缀以黑褐色细点；两眼前缘黑褐色，眼
端刚毛白色具黑色羽端，眼上方羽毛白色。上体包括
两翅表面大都灰褐色，具黑褐色羽干纹和虫蠹状细斑，
并杂有棕白色斑点，形成一个不完整的半领圈；肩
和翅上外侧覆羽端具有棕色或白色大型斑点。初级
飞羽黑褐色，尾灰褐色，横贯以 6 道棕色而杂有黑
色斑点的横斑。额、喉白色，其余下体白色或灰白色，
满布黑褐色羽干纹及浅棕色波状横斑；趾被羽。

生活习性　留鸟。通常栖息于山麓林缘一带，夏季
亦见于寺庙附近的林间，多单独生活，繁殖期营巢
于树洞中；善于捕食昆虫、鼠类，也捕食小鸟。

地理分布　保护区内见于里东坑。浙江全省均有分布。

055　斑头鸺鹠 *Glaucidium cuculoides* (Vigors)

鸮形目 STRIGIFORME　鸱鸮科 Strigidae　鸺鹠属 *Glaucidium*

别　　名　鸺鹠

保护等级　国家Ⅱ级重点保护野生动物

濒危等级　《中国生物多样性红色名录》：无危（LC）；IUCN 物种红色名录：无危（LC）

形态特征　斑头鸺鹠，体小（24cm）而遍具棕褐色横斑。虹膜黄色，嘴黄绿色，基部较暗，蜡膜暗褐色，趾黄绿色，具刚毛状羽，爪近黑色。斑头鸺鹠的头、颈和整个上体包括两翅表面暗褐色，密被细狭的棕白色横斑。眉纹白色。部分肩羽和大覆羽外翈有大的白斑；尾羽黑褐色，具 6 道显著的白色横斑和羽端斑；颏、颚纹白色，喉中部褐色，具皮黄色横斑；下喉和上胸白色，下胸白色，具褐色横斑；腹白色，具褐色纵纹。幼鸟上体横斑较少，有时几乎纯褐色，仅具少许淡色斑点。

生活习性　留鸟。大多单独或成对活动，鸣声嘹亮，不同于其他鸮类，大多在白天活动和觅食，能像鹰一样在空中捕捉小鸟和大型昆虫，也在晚上活动。主要以蝗虫、甲虫、螳螂、蝉、蟋蟀、蚂蚁、蜻蜓、毛虫等各种昆虫和幼虫为食，也吃鼠类、小鸟、蚯蚓、蛙和蜥蜴等动物。

地理分布　保护区内见于茶地、飞连排等地。浙江全省分布广泛。

056 戴胜 *Upupa epops* Linnaeus

犀鸟目 BUCEROTIFORMES　戴胜科 Upupidae　戴胜属 *Upupa*

别　　名　鸡冠鸟

保护等级　浙江省重点保护野生动物

濒危等级　《中国生物多样性红色名录》：无危（LC）；IUCN 物种红色名录：无危（LC）

形态特征　中等体型（30cm）、色彩鲜明的鸟类；虹膜褐色；嘴黑色，细长而向下弯曲；脚黑色。雄鸟头上羽冠呈棕栗色，各羽先端黑色；后头的冠黑端下还有白斑；头、颈和胸为灰褐色；上背、翼上小覆羽呈栗褐色；下背和肩羽为黑褐色，具白色横斑和羽缘；腰白色；尾羽黑色，中央横贯一道白斑。上腹淡灰褐色；下腹近白；两胁杂以黑褐色纵纹。雌鸟与雄鸟相似。但翼下覆羽和胁羽常缀以黑褐色。

生活习性　留鸟。栖息于山地、平原、森林、林缘、路边、河谷、农田、草地、村屯和果园等开阔地方，尤其以林缘耕地生境较为常见。以虫类为食，在树上的洞内做窝。性活泼，喜开阔潮湿地面，长长的嘴在地面翻动寻找食物。

地理分布　保护区内见于东坑口、里东坑。该种遍布浙江全省大部分地区。

057 蓝喉蜂虎 *Merops viridis* Linnaeus

佛法僧目 CORACIIFORMES 蜂虎科 Meropidae 蜂虎属 *Merops*

别　　名　红头吃蜂鸟

保护等级　浙江省重点保护野生动物

濒危等级　《中国生物多样性红色名录》：无危 (LC)；

IUCN 物种红色名录：无危 (LC)

形态特征　中等体型（28cm，包括延长的中央尾羽）的偏蓝色蜂虎。虹膜红色，嘴、脚黑色。成鸟前额、头顶、枕、后颈和上背深栗色，下背蓝绿色，腰天蓝色，尾蓝色，中央尾羽延长，凸出约 65mm；肩和翅绿色，内侧飞羽蓝色，贯眼纹黑色，到眼后变宽。颏、喉和颈侧蓝色，胸和上腹绿色，腹淡绿色，尾下覆羽淡蓝色。幼鸟似成鸟，但头顶、枕和上背为暗绿色，中央尾羽不延长。

生活习性　夏候鸟。常单独或成小群活动，多在上空飞翔觅食，休息时多停在树上或电线上。迁徙时间在春季 4～5 月，秋季 9～10 月。主要以各种蜂类为食，也吃其他昆虫。喜呆于栖木上等待过往昆虫；偶从水面或地面拾食昆虫。

地理分布　保护区内见于松坑口。浙江省内主要分布于南部山区。

058 三宝鸟 *Eurystomus orientalis* (Linnaeus)

佛法僧目 CORACIIFORMES　佛法僧科 Coraciidae　三宝鸟属 *Eurystomus*

别　　名　佛法僧

保护等级　浙江省重点保护野生动物

濒危等级　《中国生物多样性红色名录》：无危 (LC)；
IUCN 物种红色名录：无危 (LC)

形态特征　中等体型 (30cm) 的深色佛法僧。虹膜暗褐色，嘴朱红色，上嘴先端黑色，脚、趾朱红色，爪黑色。头大而宽阔，头顶扁平。头至颈黑褐色，后颈、上背、肩、下背、腰和尾上覆羽暗铜绿色。两翅覆羽与背相似，但较背鲜亮而多蓝色。额黑色，喉和胸黑色沾蓝色，具钴蓝色羽干纹，其余下体蓝绿色。腋羽和翅下覆羽淡蓝绿色。雌鸟，似雄鸟，但羽色较雄鸟暗淡，不如雄鸟鲜亮。幼鸟似成鸟，但羽色较暗淡，背面近绿褐色，喉无蓝色。

生活习性　夏候鸟。常栖于近林开阔地的枯树上纹丝不动，有人走近时，则立刻飞去，偶尔起飞追捕过往昆虫，或向下俯冲捕捉地面昆虫。飞行姿势似夜鹰，怪异、笨重，有时飞行缓慢。三两只鸟有时于黄昏一道翻飞或俯冲，求偶期尤是。有时遭成群小鸟的围攻，因其头和嘴使它看似猛禽。三宝鸟喜欢吃绿色金龟子等甲虫，也吃蝗虫、天牛、金花虫、梨虎、举尾虫、石蚕、叩头虫等。

地理分布　繁殖期保护区内甚为常见，整个保护区均可见。浙江全省均有分布。

059 大斑啄木鸟 *Dendrocopos major* (Linnaeus)

啄木鸟目 PICIFORMES　啄木鸟科 Picidae　啄木鸟属 *Dendrocopos*

别　　名　花啄木

保护等级　浙江省重点保护野生动物

濒危等级　《中国生物多样性红色名录》：无危（LC）；
IUCN 物种红色名录：无危（LC）

形态特征　体型中等（24cm）的常见型黑白相间的啄木鸟。虹膜暗红色，嘴铅黑或蓝黑色，跗蹠和趾褐色。雄鸟额棕白色，眼先、眉、颊和耳羽白色，头顶黑色而具蓝色光泽，枕具一辉红色斑，后枕具一窄的黑色横带。后颈及颈两侧白色，形成一白色领圈。肩白色，背辉黑色，腰黑褐色而具白色端斑；两翅黑色，翼缘白色。中央尾羽黑褐色，外侧尾羽白色并具黑色横斑。颧纹宽阔呈黑色，向后分上下支，上支延伸至头后部，下支向下延伸至胸侧。颏、喉、前颈至胸及两胁污白色，腹亦为污白色，略沾桃红色，下腹中央至尾下覆羽辉红色。雌鸟头顶、枕至后颈辉黑色而具蓝色光泽，耳羽棕白色，其余似雄鸟。

生活习性　留鸟。常单独或成对活动，繁殖后期则成松散的家族群活动。多在树干和粗枝上觅食。觅食时常从树的中下部跳跃式地向上攀缘。飞翔时两翅一开一闭，呈大波浪式前进，有时也在地上倒木和枝叶间取食。主要以各种昆虫及幼虫为食，也吃蜗牛、蜘蛛等其他小型无脊椎动物，偶尔也吃橡实、松子等植物性食物。

地理分布　保护区内见于里东坑。浙江全省分布，但数量不多。

060 栗啄木鸟 *Micropternus brachyurus* (Vieillot)

啄木鸟目 PICIFORMES　啄木鸟科 Picidae　栗啄木鸟属 *Micropternus*

保护等级　浙江省重点保护野生动物
濒危等级　《中国生物多样性红色名录》：无危 (LC)；
IUCN 物种红色名录：无危 (LC)
形态特征　中等体型 (21cm) 的红褐色啄木鸟。虹膜暗褐色或红褐色，嘴黑色，下嘴基部沾灰绿色或黄绿色。脚、趾和爪均黑色。雄鸟通体棕栗色，头顶微沾褐色，羽缘亦较浅淡。枕部具短的羽冠，头顶和枕均具黑色羽干纹。上体包括两翅和尾均被有黑色横斑。额、喉和前颈羽缘浅淡，微具黑褐色羽干纹。眼下后方和颊部一直到耳羽的羽端红色，形成一大块红色斑。下体较上体稍暗。两胁具黑褐色横斑。雌鸟和雄鸟相似，但眼下和颊部无红斑。两胁和胸、腹部均具黑褐色横斑。

生活习性　留鸟。栖息于低海拔的开阔林地、次生林中、森缘地带、园林及人工林中。也出现于开阔的荒野地上。常单独活动。繁殖期间则成对和成家族群活动。喜欢在有蚁穴的地方活动。主要以蚂蚁等蚁类为食。

地理分布　历史记录，本次科考没有记录。浙江省内偶见于南部山区。

061 黄嘴栗啄木鸟 *Blythipicus pyrrhotis* (Hodgson)

啄木鸟目 PICIFORMES　啄木鸟科 Picidae　噪啄木鸟属 *Blythipicus*

别　　名　黄嘴红啄
保护等级　浙江省重点保护野生动物
濒危等级　《中国生物多样性红色名录》：无危（LC）；
IUCN 物种红色名录：无危（LC）
形态特征　体型略大（30cm）的啄木鸟。雄鸟虹膜棕红色、雌鸟虹膜灰褐色；嘴黄色，基部沾绿色；跗蹠和趾淡褐黑色，爪角绿色。识别特征为体羽赤褐色具黑斑，嘴黄色。与竹啄木鸟的区别在于体羽具黑色横斑。雄鸟颈侧及枕具绯红色块斑。嘴黄色，嘴端呈平截状。体羽大都栗色，上下体均有横斑。上体大都棕褐色，下背以下暗褐色；自枕下至颈侧及耳羽后有一大赤红斑；头顶羽具淡色轴纹；背、尾及翅具黑色横斑。下体暗褐色，胸具淡栗色细羽干纹。雌鸟似雄鸟，颈项及颈侧均无红斑。

生活习性　留鸟。黄嘴栗啄木鸟指名亚种为中国云南及西藏东南部亚热带地带的留鸟，鸣声为沙哑的嘎嘎声。常单独或成对活动。繁殖期间叫声粗厉而噪杂。多在树中上层栖住和觅食。有时也到地上和倒木上觅食蚂蚁。主要以昆虫为食，也吃蠕虫及其他小型无脊椎动物。

地理分布　保护区内见于里东坑等地。普遍罕见，分布于云南、西藏东南部、海南及华南和东南部。浙江省内主要分布于西部、南部山区。

062 灰头绿啄木鸟 *Picus canus* Gmelin

啄木鸟目 PICIFORMES　啄木鸟科 Picidae　绿啄木鸟属 *Picus*

别　　名　绿啄木鸟

保护等级　浙江省重点保护野生动物

濒危等级　《中国生物多样性红色名录》：无危 (LC)；
IUCN 物种红色名录：无危 (LC)

形态特征　中等体型 (27cm) 的绿色啄木鸟，虹膜红褐色；嘴近灰色；脚蓝灰色。雄鸟额基灰色杂有黑色，额、头顶朱红色，头顶后部、枕和后颈灰色或暗灰色，眼先黑色，眉纹灰白色，耳羽、颈侧灰色。背和翅上覆羽橄榄绿色，腰及尾上覆羽绿黄色。下体颏、喉和前颈灰白色，胸、腹和两胁灰绿色，尾下覆羽亦为灰绿色，羽端草绿色。雌鸟额至头顶暗灰色，具黑色羽干纹和端斑，其余同雄鸟。

生活习性　留鸟。主要栖息于低山阔叶林和混交林，也出现于次生林和林缘地带，很少到原始针叶林中。秋冬季常出现于路旁、农田地边疏林。主要以蚂蚁、小蠹虫、天牛幼虫等鳞翅目、鞘翅目、膜翅目的昆虫为食，偶尔也吃植物果实和种子。

地理分布　保护区内见于野猪浆、松树岗和龙井坑，阔叶林和混交林中。浙江全省均有分布。

063 红隼 *Falco tinnunculus* Linnaeus

隼形目 FALCONIFORMES　隼科 Falconidae　隼属 *Falco*

别　　名　红鹞子、红鹰

保护等级　国家 II 级重点保护野生动物

濒危等级　《中国生物多样性红色名录》：无危 (LC)；IUCN 物种红色名录：无危 (LC)

形态特征　体小 (33cm) 的赤褐色隼。虹膜暗褐色，嘴蓝灰色、先端黑色、基部黄色，蜡膜和眼睑黄色，脚、趾深黄色，爪黑色。雄鸟头顶、头侧、后颈、颈侧蓝灰色；颏、喉乳白色或棕白色。背、肩和翅上覆羽砖红色，具近似三角形的黑色斑点；腰和尾上覆羽蓝灰色；尾蓝灰色，具宽阔的黑色次端斑和窄的白色端斑。胸、腹和两胁棕黄色或乳黄色，胸和上腹缀黑褐色细纵纹，下腹和两胁具黑褐色矢状或滴状斑。雌鸟上体棕红色，头顶至后颈及颈侧具黑褐色羽干纹；脸颊部和眼下口角髭纹黑褐色。背到尾上覆羽具黑褐色横斑；尾亦为棕红色，具 9～12 道黑色横斑和宽的黑色次端斑与棕黄白色尖端；翅上覆羽与背同为棕黄色，并微缀棕色；下体似雄鸟，但色较淡。

生活习性　留鸟。白天主要在空中搜寻，经常扇动两翅在空中做短暂停留观察猎物，一旦锁定目标，则收拢双翅俯冲而下直扑猎物，有时亦站立于悬崖岩石、树顶等高处，等猎物出现时猛扑而食。捕食老鼠、雀形目鸟类、蛙、蜥蜴、松鼠、蛇等小型脊椎动物，也吃蝗虫、蚱蜢、蟋蟀等昆虫。

地理分布　保护区内见于香菇棚、安民关和龙井坑等地。浙江省内全域分布。

064 燕隼 *Falco subbuteo* Linnaeus

隼形目 FALCONIFORMES 隼科 Falconidae 隼属 *Falco*

别　　名　青条子、蚂蚱鹰、青尖
保护等级　国家Ⅱ级重点保护野生动物
濒危等级　《中国生物多样性红色名录》：无危 (LC)；
IUCN 物种红色名录：无危 (LC)
形态特征　体小 (30cm) 的黑白色隼；虹膜褐色；嘴灰色，蜡膜黄色；脚黄色。成鸟上体为暗蓝灰色，有一细白色眉纹，颊部有垂直向下的黑色髭纹，颈部的侧面、喉部、胸部和腹部均为白色，胸部和腹部有黑色的纵纹，下腹部至尾下覆羽和覆腿羽为棕栗色。尾羽为灰色或石板褐色，翼下为白色，密布黑褐色的横斑。翅膀折合时，翅尖几乎到达尾羽的

端部，看上去很像燕子，因而得名。
生活习性　留鸟。栖息于有稀疏树木生长的开阔平原、旷野、耕地、海岸、疏林和林缘地带，有时也到村庄附近，但很少在浓密的森林和没有树木的裸露荒原。常单独或成对活动，飞行快速而敏捷，停息时大多在高大的树上或电线杆的顶上。主要以麻雀、山雀等雀形目小鸟为食，偶尔捕捉蝙蝠，大量地捕食蜻蜓、蟋蟀、蝗虫、天牛、金龟子等昆虫，其中大多为害虫。
地理分布　保护区内主要分布于林缘地带，见于高峰、徐罗。浙江全省均有分布。

065 仙八色鸫 *Pitta nympha* Temminck & Schlegel

雀形目 PASSERIFORMES 八色鸫科 Pittidae 八色鸫属 *Pitta*

别　　名 五色麦鸡
保护等级 国家 II 级重点保护野生动物
濒危等级 《中国生物多样性红色名录》：易危 (VU)；
IUCN 物种红色名录：易危 (VU)
形态特征 中等体型（18cm）而色彩艳丽浑圆型八色鸫，雌雄羽色大致相似。虹膜褐色；嘴偏黑色；脚淡褐色。头深栗褐色，中央冠纹黑色，眉纹皮黄白色、窄而长，自额基一直延伸到后颈两侧。眉纹下面有 1 条宽阔的黑色贯眼纹，经眼先、颊、耳羽一直到后颈相连，形成翎斑状。背、肩和内侧次级飞羽表面亮深绿色，腰、尾上覆羽和翅上小覆羽钴蓝色而具光泽。尾黑色，羽端钴蓝色。喉白色，胸淡茶黄色或皮黄白色，腹中部和尾下覆羽血红色。

生活习性 夏候鸟或旅鸟。常在灌木下的草丛间单独活动，边在地面上走边觅食，行动敏捷，性机警而胆怯、善跳跃，多在地上跳跃行走。飞行直而低，飞行速度较慢。主要以昆虫为食，常在落叶丛中或以喙掘土觅食蚯蚓、蜈蚣及鳞翅目幼虫，也食鞘翅目等昆虫。

地理分布 保护区内见于大龙岗、红岩顶。浙江省内分布于全省丘陵山地。

066 虎纹伯劳 *Lanius tigrinus* Drapiez

雀形目 PASSERIFORMES 伯劳科 Laniidae 伯劳属 *Lanius*

别　　名　虎花伯劳

保护等级　浙江省重点保护野生动物

濒危等级　《中国生物多样性红色名录》：无危 (LC)；
IUCN 物种红色名录：无危 (LC)

形态特征　中等体型 (19cm)、背部棕色的伯劳。虹膜褐色；嘴黑色；跗蹠、趾和爪黑褐色。雄鸟头顶至上背青灰色；自前额基部、眼先向后，经头侧过眼达耳区，有宽阔的黑色过眼纹；肩、背至尾上覆羽及内侧翅覆羽为栗褐色。下体几全部为纯白色，仅胁部有暗灰色泽及稀疏、零散的不清晰鳞斑；覆腿羽白色沾淡棕色，具黑褐色横斑；腋羽白色。雌鸟额基黑色斑较小；眼先和眉纹暗灰白色；胸侧及两胁白色，杂有黑褐色横斑；余部与雄鸟相似，但羽色不及雄鸟鲜亮。

生活习性　夏候鸟。喜在多林地带，多藏身于林中。性凶猛，不仅捕虫为食，还会袭击小鸟和鼠类。食物中绝大部分是害虫，如熊蜂、蝗虫、松毛虫、蝇类及各种昆虫，也取食少量植物。

地理分布　保护区内见于红岩顶、大南坑。浙江省内分布于全省丘陵山地。

067 红尾伯劳 *Lanius cristatus* Linnaeus

雀形目 PASSERIFORMES　伯劳科 Laniidae　伯劳属 *Lanius*

别　　名　小伯劳

保护等级　浙江省重点保护野生动物

濒危等级　《中国生物多样性红色名录》：无危（LC）；
IUCN 物种红色名录：无危（LC）

形态特征　中等体型（20cm）的淡褐色伯劳。虹膜暗褐色，嘴黑色，脚铅灰色。额和头顶前部淡灰色，头顶至后颈灰褐色。上背、肩暗灰褐色，下背、腰棕褐色。尾上覆羽棕红色，尾羽棕褐色具有隐约可见不甚明显的暗褐色横斑。两翅黑褐色，内侧覆羽暗灰褐色，外侧覆羽黑褐色，中覆羽、大覆羽和内侧飞羽外翈具棕白色羽缘和先端。翅缘白色，眼先、眼周至耳区黑色，连接成一粗著的黑色贯眼纹从嘴基经眼直到耳后。眼上方至耳羽上方有一窄的白色眉纹。额、喉和颊白色，其余下体棕白色，两胁较多棕色，腋羽亦为棕白色。雌鸟和雄鸟相似，但羽色较苍淡，贯眼纹黑褐色。

生活习性　夏候鸟。单独或成对活动，性活泼，常在枝头跳跃或飞上飞下。主要以昆虫等动物性食物为食，也捕捉蜥蜴，将之穿挂于树上的尖枝杈上，然后撕食其内脏和肌肉等柔软部分。幼鸟就具有将食物（肉条）挂钩在笼内尖刺物上撕食的本能，而并非储藏。

地理分布　保护区内见于高勘底。浙江省内主要分布于平原、丘陵地带。

068 棕背伯劳 *Lanius schach* Linnaeus

雀形目 PASSERIFORMES　伯劳科 Laniidae　伯劳属 *Lanius*

别　　名　大红背伯劳

保护等级　浙江省重点保护野生动物

濒危等级　《中国生物多样性红色名录》：无危 (LC)；
IUCN 物种红色名录：无危 (LC)

形态特征　体型略大 (25cm) 而尾长，虹膜暗褐色，嘴、脚黑色。雄鸟嘴基至前额黑色，头顶至上背青灰色并略染棕色，至背羽逐渐过渡为锈棕色并达于尾上覆羽；脸侧从嘴基至眼先、围眼至耳羽及颈侧为一黑宽带，与黑额带相连；下背、肩、腰和尾上覆羽棕色，翅上覆羽黑色。额、喉和腹中部白色，其余下体淡棕色或棕白色，两肋和尾下覆羽棕红色或浅棕色。雌鸟似雄鸟，前额黑带较窄并具黑褐色，头顶至上背的灰色染褐色；中央尾羽及过眼纹均沾褐色。

生活习性　留鸟。除繁殖期成对活动外，多单独活动。常见在林旁、农田、果园、河谷、路旁和林缘地带的乔木树上与灌丛中活动。性凶猛，领域性甚强，特别是繁殖期间，常常保卫自己的领域而驱赶入侵者，不仅善于捕食昆虫，也能捕杀小鸟、蛙和啮齿类。

地理分布　保护区内较多见于海拔较低的林缘、灌丛、农田、村庄附近。浙江全省均有分布。

069 短尾鸦雀 *Neosuthora davidiana* (Slater)

雀形目 PASSERIFORMES　莺鹛科 Sylviidae　短尾鸦雀属 *Neosuthora*

别　　名　挂墩鸦雀

濒危等级　《中国生物多样性红色名录》：近危 (NT)；IUCN 物种红色名录：无危 (LC)

形态特征　体型微小 (10cm) 的褐色鸦雀，虹膜褐色；嘴近粉色；脚近粉色。雌雄近似，前额、头顶、枕、后颈和头侧栗红色或亮栗色。背、肩、腰灰色或棕灰色，尾上覆羽栗色或淡棕黄色。尾短，褐色或棕褐色。两翅覆羽与背同色，飞羽褐色或暗褐色。

额、喉黑色，有的缀有细的白色纵纹或白色细点，下喉有时贯有淡黄色横带，胸和腹灰色而缀有皮黄色，两胁、腹和尾下覆羽浅棕色或皮黄色。

生活习性　留鸟。平时结群，多见于江边竹林或长草丛间松散地动个不停，边动边叫，有时高飞至树顶上激叫不已。叫声单调，一连数声，彼此呼应不休。

地理分布　保护区内见于大蓬、白确际；浙江主要分布于南部及宁波、杭州等地。

070 画眉 *Garrulax canorus* (Linnaeus)

雀形目 PASSERIFORMES　噪鹛科 Leiothrichidae　噪鹛属 *Garrulax*

别　　名　金画眉

保护等级　浙江省重点保护野生动物

濒危等级　《中国生物多样性红色名录》：近危 (NT)；
IUCN 物种红色名录：无危 (LC)

形态特征　体型略小 (22cm) 的棕褐色噪鹛；虹膜黄色；嘴偏黄色；脚偏黄色。雄鸟额棕色，头顶至上背棕褐色，自额至上背具宽阔的黑褐色纵纹，纵纹前段色深后部色淡。眼圈白色，其上缘白色向后延伸成一窄线直至颈侧。头侧包括眼先和耳羽暗棕褐色，其余上体包括翅上覆羽棕橄榄褐色，两翅飞羽暗褐色，尾羽浓褐或暗褐色、具多道不甚明显的黑褐色横斑，尾末端较暗褐色。颏、喉、上胸和胸侧棕黄色杂以黑褐色纵纹，其余下体亦为棕黄色，两胁较暗无纵纹，翼下覆羽棕黄色。雌鸟似雄鸟。

生活习性　留鸟。生活在山林地区，常单独或成对活动，偶尔也结成小群。性胆怯而机敏，平时多隐匿于茂密的灌木丛和杂草丛中，喜在灌丛中穿飞和栖息，不时从地上到树枝间跳跃、飞翔。杂食性，但全年食物以昆虫为主。

地理分布　保护区内见于低海拔的阔叶林、针阔混交林、针叶林、竹林等林下灌木层居多。浙江全省丘陵山地均有分布。

071 红嘴相思鸟 *Leiothrix lutea* (Scopoli)

雀形目 PASSERIFORMES　噪鹛科 Leiothrichidae　相思鸟属 *Leiothrix*

别　　名　相思鸟、红嘴鸟

保护等级　浙江省重点保护野生动物

濒危等级　《中国生物多样性红色名录》：无危 (LC)；IUCN 物种红色名录：无危 (LC)

形态特征　色艳可人的小巧 (15.5cm) 鹛类，具显眼的红嘴；上体橄榄绿色，眼周有黄色块斑，下体橙黄色；尾近黑而略分叉。虹膜褐色；嘴红色；脚粉红色。雄鸟上体大都暗灰绿色，前额、头顶及上背绿色较浓；尾呈叉形，辉黑色；眼先和眼周浅黄色；耳羽浅灰色，前部略带银白色；颊部微黑；颏和上喉鲜黄色；下喉和胸部深橙黄色；腹部淡白色，两胁浅黄灰色；尾下覆羽浅黄色。雌鸟与雄鸟相似，翼斑朱红色为橙黄色所代替，其他羽色较雄鸟稍淡。

生活习性　留鸟。除繁殖期间成对或单独活动外，其他季节多成 3～5 只或 10 余只的小群，有时亦与其他小鸟混群活动。性大胆，不甚怕人，多在树上或林下灌木间穿梭、跳跃、飞来飞去，偶尔也到地上活动和觅食。食性主要以毛虫、甲虫、蚂蚁等昆虫为食，也吃植物果实、种子等植物性食物，偶尔也吃少量玉米等农作物。

地理分布　保护区内见于低海拔的阔叶林、针阔混交林等林下灌木层居多。浙江省分布于全省山地丘陵。

072 黑头蜡嘴雀 *Eophona personata* (Temminck & Schlegel)

雀形目 PASSERIFORMES　雀科 Fringillidae　蜡嘴雀属 *Eophona*

别　　名　大蜡嘴

濒危等级　《中国生物多样性红色名录》：近危 (NT)；
IUCN 物种红色名录：无危 (LC)

形态特征　体大 (20cm) 而圆墩的雀鸟；虹膜深褐色；嘴黄色；脚粉褐色。雄鸟黄色的嘴硕大，额、头顶、两颊、嘴基亮黑色。其余上体灰褐色。翼黑色，具金属光泽，外侧初级飞羽有白斑。尾亮黑色。下体淡褐灰色。腹以下白色。雌鸟似雄鸟，但嘴更大且全黄色，臀近灰色，三级飞羽的褐色及白色图纹有异。初级飞羽近端处具白色的小块斑。

生活习性　冬候鸟。栖息于山坡乔木林或平原杂木林种，成群活动。以野生植物种子、浆果和鳞芽等为食。

地理分布　保护区内见于红岩顶、大南坑。浙江全省均有分布。

073　红颈苇鹀　*Emberiza yessoensis* (Swinhoe)

雀形目 PASSERIFORMES　鹀科 Emberizidae　鹀属 *Emberiza*

濒危等级　《中国生物多样性红色名录》：近危 (NT)；IUCN 物种红色名录：近危 (NT)

形态特征　体型略小 (15cm) 的鹀；虹膜深栗色；嘴近黑色；脚偏粉色。雄鸟繁殖羽，整个头、颏、喉黑色，后颈、腰和尾上覆羽栗色或棕红色。背、肩黑色而具长的栗色纵纹，小翅覆羽褐灰色，中覆羽、大覆羽黑褐色具宽的锈色羽缘。两翅飞羽和尾羽黑褐色，最外侧 2 对尾羽具楔状白斑。下体白色，两胁有棕色纵纹。雌鸟和雄鸟相似，但黑色的头变为褐黑色，下体污白色，胸和两胁微沾褐色。

生活习性　冬候鸟。栖于芦苇地及有矮丛的沼泽地及高地的湿润草甸。尤喜溪流、河谷、湖泊、海岸附近的灌丛、草地和芦苇沼泽。常成对或单独活动或集小群，活动在草丛与灌木丛中，性极机警，遇人立即飞出或隐藏于灌丛中。主要以禾本科植物草籽和谷粒为食，包括一些豆科植物的种子，繁殖期间也吃大量的鳞翅目昆虫幼虫、鞘翅目昆虫及淡水螺等。

地理分布　保护区内见于高勘底。浙江主要分布于东部沿海地区。

三、爬行类

074　平胸龟 *Platysternon megacephalum* Gray

龟鳖目 TESUDINES　平胸龟科 Platysternidae　平胸龟属 *Platysternon*

别　　名　鹰嘴龟、大头平胸龟、鹰龟

保护等级　浙江省重点保护野生动物

濒危等级　《中国生物多样性红色名录》：极危 (CR)；
IUCN 物种红色名录：濒危 (EN)

形态特征　平胸龟体型中等，背腹极扁平。背甲长卵圆形，四肢强，被有覆瓦状排列的鳞片。前缘大鳞排列成行。前肢 5 爪，后肢 4 爪，指、趾间具蹼。尾长，几与背甲等长，其上覆以环状排列的矩短形鳞片。头、背甲、四肢及尾背均为棕红色、棕橄榄色或橄榄色。头背有深棕色细线纹，头侧眼后及颚缘有棕黑色纵纹。背甲有虫蚀纹及浅黄色细点。腹甲及缘盾腹面为黄橄榄色，有的

缀有黄点。雄性头侧、咽、额及四肢均缀有橘红色斑点。

生活习性　平胸龟生活于山区多石的浅溪中，攀缘能力强，可攀爬溪中石头及树干觅食或晒太阳。性情凶猛，食性较广，以肉食为主，爱吃蟹、螺、蜗牛、蠕虫及鱼等动物，也吃野果。

地理分布　保护区内平胸龟适宜生境面积较广，但是数量极为稀少，访问调查得知主要分布于白确际、大凹里、苏州岭和龙井坑等地多沙石溪水清澈的山涧溪流。浙江省内分布于杭州及东阳、衢江、柯城、龙游、三门、天台、莲都、缙云等地。近年来目击记录仅有 2～3 例。

075 乌龟 *Mauremys reevesii* Gray

龟鳖目 TESUDINES　地龟科 Geoemydidae　拟水龟属 *Mauremys*

别　　名　草龟、泥龟、墨龟

濒危等级　《中国生物多样性红色名录》：濒危（EN）；IUCN 物种红色名录：濒危（EN）

形态特征　乌龟头中等大小，吻短。背甲较平扁，有 3 条纵棱。背甲盾片常有分裂或畸形，致使盾片数超过正常数目。腹甲平坦，几与背甲等长，前缘平截略向上翘，后缘缺刻较深。四肢略扁平，前臂及掌跖部有横列大鳞。指、趾间均全蹼，具爪，尾较短小。生活时，背甲棕褐色，雄性几近黑色。腹甲及甲桥棕黄色，雄性色深。每一盾片均有黑褐色大斑块，有时腹甲几乎全被黑褐色斑块所占，仅在缝线处呈现棕黄色。头部橄榄色或黑褐色；头侧及咽喉部有暗色镶边的黄纹及黄斑，并向后延伸至颈部，雄性不明显。

生活习性　本种为我国常见龟类。常栖于江河、湖沼或池塘中。吃蠕虫、螺类、虾及小鱼等动物，也吃植物茎叶及粮食等。

地理分布　根据历史资料和访问调查，乌龟在保护区内主要分布于周村乡白坑水库及库尾宽阔溪流区域。

076 崇安草蜥 *Takydromus sylvaticus* (Pope)

有鳞目 SQUAMATA　蜥蜴科 Lacertidae　草蜥属 *Takydromus*

别　　名　崇安地蜥
保护等级　浙江省重点保护野生动物
濒危等级　《中国生物多样性红色名录》：濒危 (EN)；
IUCN 物种红色名录：无危 (LC)
形态特征　崇安草蜥吻窄长，吻棱明显。背鳞较侧鳞略大，棱强，排列不呈明显的纵行，逐渐过渡到体侧的粒鳞。腹鳞大，排成 6 纵行，中央 4 行最大且平滑，两外侧 2 行稍小而具弱棱且游离缘尖出。四肢较短小而纤细，尾细长，背覆起棱大鳞。生活

时背面暗绿色，腹面色较浅，体侧有 1 条白色纵纹。
生活习性　崇安草蜥善于攀草爬树，常于闷热雷雨天气前出来活动，趴伏于茶树、芒萁等草灌丛中。白天行动迅捷，警惕性远高于北草蜥，夜晚常栖息于林缘树枝草叶上。根据捕获崇安草蜥的粪便残骸推测其食性较广，以蛾类、蜘蛛和昆虫的幼虫为食。
地理分布　保护区内分布于水洋村、交溪口和龙井坑等地。该种模式产地为福建省的崇安县，省内分布于泰顺乌岩岭、淳安磨心尖、苍南、武义等地。

077 尖吻蝮 *Deinagkistrodon acutus* (Günther)

有鳞目 SQUAMATA 蝰科 Viperidae 尖吻蝮属 *Deinagkistrodon*

别　　名　五步蛇、蕲蛇
保护等级　浙江省重点保护野生动物
濒危等级　《中国生物多样性红色名录》：濒危 (EN)；
IUCN 物种红色名录：无危 (LC)
形态特征　尖吻蝮头大呈三角形，吻部突出。颈较细，体形粗短，尾较细而短。生活时头背黑褐色，头自吻部经眼斜至口角以下为黄白色，偶有少许黑褐色点。头腹及喉部为白色，散有稀疏黑褐色点斑。背面深棕色或棕褐色，其上具灰白色大方形斑块 17 ～ 19 个，尾部 3 ～ 5 个，前后 2 个方斑以尖角彼此相接，方斑边缘浅褐色，中央略深。腹面白

色，有交错排列的黑褐色斑块，略呈纵行，每一斑块跨 1 ～ 3 枚腹鳞。尾背后段纯黑褐色，方形斑不显，尾腹面白色散有疏密不等的黑褐色点。
生活习性　该蛇生活于山区或丘陵林木茂盛的阴湿地方，常见于山溪旁石头上、阴湿落叶间、路边草丛等地。白天多盘蜷不动，头位于中间，吻尖向上，晚上遇火有扑火习性。活动繁殖高峰期为 5 月中旬至 8 月底，喜食鼠类及蛙类。
地理分布　通过访问调查和实地调查，该蛇在保护区内分布较广，主要见于雪岭、老虎坑、大子坑、徐罗坑等地山地林道、溪流边和林缘区域。

078 台湾烙铁头蛇 *Ovophis makazayazaya* (Takahashi)

有鳞目 SQUAMATA　蝰科 Viperidae　烙铁头蛇属 *Ovophis*

别　　名　烙铁头
保护等级　浙江省一般保护野生动物
濒危等级　《中国生物多样性红色名录》：近危 (NT)；
IUCN 物种红色名录：近危 (NT)
形态特征　台湾烙铁头蛇为头侧有颊窝的管牙类毒蛇。头呈三角形，与颈区分明显。躯体较粗短，尾较短，尾下鳞成对。体尾背面黄褐色或红褐色，正背有 1 行似城垛状的暗褐色斑纹。体尾背面棕褐色，正背有 2 行略呈方形的深褐色或黑褐色大斑，左右交错排列，在有的地方左右或前后相连，酷似过去城墙上缘的城垛状斑纹。腹面带白色，散有棕褐色细点，在每一腹鳞上往往集结成若干粗大斑块，各腹鳞的

斑块前后交织成网纹。头背灰白色或略带极浅的褐色，头侧黑褐色，吻端、吻棱经眼上方向后达颌角、上唇缘为浅褐色；头腹浅褐色，散有不等的深褐色细点。

生活习性　该蛇常栖息于海拔 315 ～ 2600m 的山区中，适应于各种环境，包括森林、灌丛、茶山、耕地，也到路边、农舍周围、柴草堆，甚至钻入禽笼内捕食。以鼠类及食虫类哺乳动物为主，也吃蜥蜴、鸟类。

地理分布　根据历史资料，台湾烙铁头蛇在保护区内主要分布于周村乡、徐罗坑高海拔区域。国内分布于华东及华南等地。

079 短尾蝮 *Gloydius brevicaudus* (Stejneger)

有鳞目 SQUAMATA　蝰科 Viperidae　亚洲蝮属 *Gloydius*

别　　名　蝮蛇、得地灰扑

保护等级　浙江省一般保护野生动物

濒危等级　《中国生物多样性红色名录》：近危（NT）；IUCN 物种红色名录：无危（LC）

形态特征　短尾蝮为头侧有颊窝的管牙类毒蛇。头略呈三角形，与颈区分明显，头背深棕色，有 9 枚对称排列的大鳞。枕背中央有一浅褐色桃形斑，眼后到颈部有一镶深棕色边的褐色纹，其上缘又镶白色纹，故俗称"白眉蝮"。上唇缘和头腹面灰褐色。体略粗，尾较短。躯尾背面浅褐色，有 2 行粗大、周围暗棕色、中心色浅而外侧开放的圆斑，圆斑左右交错或并列，腹面灰白色，密布灰褐色或黑褐色细点。尾后端略呈白色，但尾尖常黑色。

生活习性　该蛇栖息于平原、丘陵、低山。平时栖息于坟堆、灌丛、草丛、石堆或任何有洞穴的地方。春秋多于白天活动，炎热夏季秋初则在晚上活动，多分散于耕作区、沟渠、路边和村落周围。

地理分布　根据历史资料和访问调查，短尾蝮在保护区内主要分布于周村乡、白坑水库周边、双溪口外围农田区域。浙江全省广布。

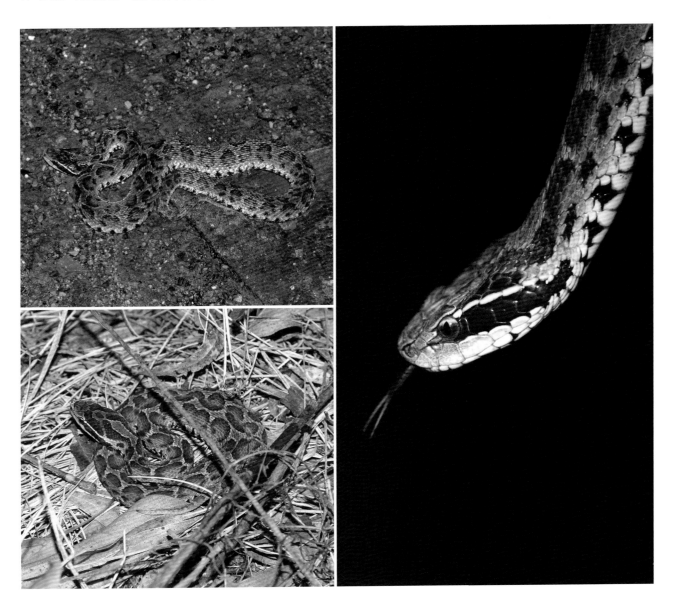

080 银环蛇 *Bungarus multicinctus* Blyth

有鳞目 SQUAMATA　眼镜蛇科 Elapidae　环蛇属 *Bungarus*

别　　名　金钱白花蛇、寸白
保护等级　浙江省一般保护野生动物
濒危等级　《中国生物多样性红色名录》：濒危 (EN)；
IUCN 物种红色名录：无危 (LC)
形态特征　银环蛇为体型中等略偏大的前沟牙类毒蛇。头椭圆而略扁，吻端圆钝，与颈略可区分，鼻孔较大，眼小，瞳孔圆形。躯干圆柱形，背脊明显棱起，横截面呈三角形，尾短，末端略细尖。背面黑色或黑褐色，通身背面有黑白相间的横纹，腹面

白色。头背黑色，枕及颈背有污白色的"∧"形斑。背正中 1 行脊鳞扩大成六角形，尾下鳞单行。
生活习性　该蛇栖息于平原、丘陵或山地，白昼蛰伏于石缝、树洞、乱石堆、坟穴、灌丛等地，傍晚或夜间外出在水域及其附近觅食。
地理分布　根据历史资料、访问和实地调查，银环蛇在保护区内分布较广，主要分布于周村乡、安民关、徐罗坑、白坑水库、双溪口乡龙井坑村区域潮湿林缘及溪流附近。

081 舟山眼镜蛇 *Naja atra* Cantor

有鳞目 SQUAMATA　眼镜蛇科 Elapidae　眼镜蛇属 *Naja*

别　　名　眼镜蛇、饭铲头

保护等级　浙江省重点保护野生动物

濒危等级　《中国生物多样性红色名录》：易危 (VU)；
IUCN 物种红色名录：易危 (VU)

形态特征　舟山眼镜蛇为大型前沟牙类毒蛇。头体背面黑色或黑褐色，颈部有似眼镜状白色斑纹，在颈部膨大时尤为清楚。体尾背有窄的黄白色横纹 10 多条，颈部及体前腹面黄白色，颈部腹面有 2 黑点及 1 黑横斑，体中段之后的腹面逐渐呈灰褐色或黑褐色。舟山眼镜蛇色变的个体较多，有白色色变、米黄色色变、深黄色色变、黑色色变和棕色色变等，尽管体色发生各种色变，但颈背的斑纹仍可见到。

生活习性　舟山眼镜蛇栖息于平原、丘陵和低山。常发现于丘陵山坡、坟堆、灌木竹丛等处。春秋两季多在洞穴附近活动，而夏秋季则分散到山脚田野、河滨沟旁、稻田菜园等地，为昼行型蛇类。舟山眼镜蛇食性广泛，以蛙、鸟、鼠为主，也吃蜥蜴、泥鳅、鳝鱼及其他小鱼等。

地理分布　通过访问调查和实地调查，该蛇在保护区内主要见于白水坑水库等地低海拔农田荒坡区域。

082 饰纹小头蛇 *Oligodon ornatus* Van Denburgh

有鳞目 SQUAMATA　游蛇科 Colubridae　小头蛇属 *Oligodon*

别　　名　赤腹松柏根、黄腹红宝蛇

濒危等级　《中国生物多样性红色名录》：近危 (NT)；
IUCN 物种红色名录：无危 (LC)

形态特征　饰纹小头蛇头较短小，与颈区分不明显。背鳞平滑，通体 15 行，肛鳞二分。体尾背面浅褐色，有 4 条黑褐色纵纹自颈部通达尾末，另有 11 条镶黑边的波状横纹横跨纵纹。腹面中央为 1 条较粗的橘红色纵线纹，其两侧或一侧有大小不等、排列不对称的黑褐色长方形斑。头背黄色，有 3 个栗褐色"∧"

形斑。头腹面白色，有多数褐色小点密集为几个大褐色斑。

生活习性　该蛇栖息于有森林的山区，曾采于茶山、小路边，或挖玉米地时挖出，海拔 600 ～ 1200m，主要以爬行动物的卵为食，其他生态资料不详。

地理分布　根据实地调查，饰纹小头蛇在保护区内仅记录到 1 条，分布于雪岭中高海拔区域。该蛇为华南及华中区的稀有蛇类，较为少见。

083 乌梢蛇 *Ptyas dhumnades* (Cantor)

有鳞目 SQUAMATA　游蛇科 Colubridae　鼠蛇属 *Ptyas*

别　名　乌蛇

濒危等级　《中国生物多样性红色名录》：易危（VU）；IUCN 物种红色名录：无危（LC）

形态特征　乌梢蛇为大型无毒蛇，头颈区别明显，眼大，瞳孔圆形。背鳞行偶数，通身绿褐色或棕褐色，次成体黑色侧纵纹纵贯全身，成年个体黑纵纹在体前段明显。前段背鳞鳞缘黑色，形成网状斑纹。前段腹鳞多呈黄色或土黄色，后段由浅灰黑色渐变为浅棕褐色。幼体之背部多呈灰绿色，有 4 条黑纵纹纵贯躯尾。

生活习性　该蛇栖息于平原、丘陵或山区。出没于耕作地及其周围、水域附近，也会进入农村院内。行动迅速而敏捷，主食蛙类、小鱼及蜥蜴、鼠类等。

地理分布　该蛇在保护区内分布较广，主要见于雪岭、老虎坑、大子坑、徐罗坑等地山地林道、农田和林缘区域。浙江全省广布。

084 黑眉锦蛇 *Elaphe taeniura* (Cope)

有鳞目 SQUAMATA　游蛇科 Colubridae　锦蛇属 *Elaphe*

别　　名　菜花蛇、家蛇

保护等级　浙江省重点保护野生动物

濒危等级　《中国生物多样性红色名录》：濒危 (EN)；
IUCN 物种红色名录：无危 (LC)

形态特征　黑眉锦蛇为体型较大的无毒蛇。头略大，与颈明显区分。头体背黄绿色或棕灰色，体背前中段具黑色梯状或蝶状纹，至后段逐渐不明显。从体中段开始，两侧有明显的4条黑色纵带达尾端，腹面灰黄色或浅灰色，两侧黑色，上下唇鳞及下颌淡

黄色，眼后具一明显的眉状黑纹延至颈部，故名黑眉锦蛇。

生活习性　该蛇体型大，行动迅速，善于攀爬，性情较凶猛，受惊扰即竖起头颈作攻击姿势。平原丘陵均发现其活动，常在房屋及附近栖居，好盘踞于老式房屋的屋檐，故有"家蛇"之称。性喜食鼠类、鸟类及蛙类。

地理分布　该蛇在保护区内主要见于大龙岗、里东坑、周村乡等地林缘、林道区域。浙江全省广布。

085 王锦蛇 *Elaphe carinata* (Günther)

有鳞目 SQUAMATA　游蛇科 Colubridae　锦蛇属 *Elaphe*

别　　名　菜花蛇、油菜花、王蟒蛇
保护等级　浙江省重点保护野生动物
濒危等级　《中国生物多样性红色名录》：濒危 (EN)；
IUCN 物种红色名录：无危（LC）
形态特征　王锦蛇为大型无毒蛇。头略大，与颈明显区分。体背鳞片周围黑色，中央黄色，体前部具黄色横斜纹，体后部黄色横纹消失，其黄色部分似油菜花瓣，故又名"油菜花"。腹面黄色，具黑色斑，头背鳞缘黑色，中央黄色，前额形成"王"字样黑纹，故名"王锦蛇"。幼小个体与成体大不相同，头体背茶色，枕部有 2 条短的黑纵纹。体背前、中段具不规则的细小黑斜纹，体后段黑斜纹消失，呈分散的细黑点，至尾背形成 2 条纵行的细黑线；体后段及尾部两侧有一暗褐色纵斑，腹面粉红色或黄白色。直到体全长近 800mm 时，才变化为成体的色斑。

生活习性　该蛇栖息于山区、丘陵地带，平原亦有，常于山地灌丛、田野沟边、山溪旁、草丛中活动。性凶猛，行动迅速。昼夜均活动，以夜间更活跃。食蛙、蜥蜴、其他蛇类、鸟、鼠类，甚至同类的幼蛇。

地理分布　该蛇在保护区内主要见于荒田头、里东坑、松坑口、大龙岗等地林缘、林道区域。浙江全省广布。

086 赤链华游蛇 *Sinonatrix annularis* (Hallowell)

有鳞目 SQUAMATA　游蛇科 Colubridae　华游蛇属 *Sinonatrix*

别　　名　水火赤链、水赤链游蛇

濒危等级　《中国生物多样性红色名录》：易危 (VU)；
IUCN 物种红色名录：无危 (LC)

形态特征　赤链华游蛇为体型中等的水栖无毒蛇。
头颈可以区分，鼻间鳞前端极窄，鼻孔近背侧，眼
较小。躯尾背面灰褐色，体侧略浅淡，通身有环绕
背腹一周的黑色环纹，年老个体背面色斑较模糊，
在体侧及腹面则清晰可见，腹面除环纹外其余部分
为橙红或橙黄色。头背暗褐色，上唇鳞黄白色，头

背及上唇鳞各鳞沟黑色。头腹面白色，下唇鳞的部
分鳞沟黑色。

生活习性　该蛇栖息于沿海低地及内陆平原、丘陵
或山区，常出没于稻田、池塘、溪流等水域及其附近。
白天活动为主，主要取食鱼类（泥鳅、鳝鱼）、蛙、
蝌蚪，卵胎生。

地理分布　通过历史资料和实地调查，该蛇在保
护区内主要见于白坑水库、徐罗坑等沟渠静水塘
区域。

087 乌华游蛇 *Sinonatrix percarinatus* (Boulenger)

有鳞目 SQUAMATA　游蛇科 Colubridae　华游蛇属 *Sinonatrix*

别　　名　乌游蛇、草赤链

濒危等级　《中国生物多样性红色名录》：易危（VU）；
IUCN 物种红色名录：无危（LC）

形态特征　乌华游蛇为体型中等的水栖无毒蛇。头颈可以区分，鼻间鳞前端极窄，鼻孔位于近背侧，眼较小。头背橄榄灰色，上唇鳞色稍浅，鳞沟色较深，头腹面灰白色。躯尾背面砖灰色，腹面污白色，通身有环绕周身的黑色环纹。正背由于基色较深，环纹不显，腹面环纹亦往往模糊不清，形成密布腹面的灰褐色碎点。与赤链华游蛇的区别在于本种腹面不呈橙黄色或橙红色。

生活习性　该蛇栖息于山区溪流或水田内，常出没于稻田、池塘、溪流等水域及其附近。白天活动为主，主要取食鱼类（泥鳅、鳝鱼）、蛙、蝌蚪，卵生。

地理分布　该蛇在保护区内分布较广，实地调查主要见于白坑水库、周村乡、双溪口乡、徐罗坑等各大溪流和山涧静水塘区域。

四、两栖类

088 秦志肥螈 *Pachytriton granulosus* Chang

有尾目 CAUDATA　蝾螈科 Salamandridae　肥螈属 *Pachytriton*

别　　名　粗皮肥螈、秦螈

保护等级　浙江省重点保护野生动物

濒危等级　《中国生物多样性红色名录》：数据缺乏（DD）；IUCN 物种红色名录：无危（LC）

形态特征　该螈体型肥壮，头部扁平，头长大于头宽。颈褶明显，躯干圆柱状，背腹略扁平，肋沟 11 条左右。背脊棱不隆起且略成纵沟，前肢、后肢粗短，指、趾均具缘膜。尾基部宽厚，后半段逐渐侧扁，末端钝圆，尾背鳍褶达体背前方。生活时体背面褐色或黄褐色，无黑色斑点，背侧常有橘红色斑点。头体腹面橘红色，有少数褐色短纹或呈蠕虫状斑；四肢、肛孔和尾下缘橘红色，有的个体尾末段两侧各有 1 个银色斑。皮肤光滑，体两侧和尾部有细横皱纹。

生活习性　生活于海拔 50～800m 较为平缓的山溪内，溪内水凼和石块甚多，溪底多积有粗砂，水质清凉。成体以水栖为主，白天常匐于水底石块上或隐于石下，夜晚多在水底爬行，主要捕食水生昆虫、螺类、虾、蟹等小动物。

地理分布　秦志肥螈在保护区内分布较为狭窄，主要见于大龙岗、洪岩顶村等地海拔 1000m 以上的沙石质缓慢溪流附近。浙江省内主要分布于浙江安吉、德清、东阳、奉化、富阳、黄岩、开化、乐清、临安、临海、婺城、建德、缙云、宁波市区、衢江、柯城、天台、桐庐、温岭、象山、萧山、新昌、义乌、余杭、镇海。

089 中国瘰螈 *Paramesotriton chinensis* (Gray)

有尾目 CAUDATA　蝾螈科 Salamandridae　瘰螈属 *Paramesotriton*

别　　名　山和尚、水壁虎

保护等级　浙江省重点保护野生动物

濒危等级　《中国生物多样性红色名录》：近危 (NT)；IUCN 物种红色名录：无危 (LC)

形态特征　该螈体型中等，头扁平，其长大于宽。吻端平截，鼻孔位于吻端两侧，瞳孔椭圆，唇褶明显，颈褶无，躯干呈圆柱状，肋沟无，背脊棱很明显。前肢长，贴体向前指末端达或超过眼前角。指、趾均无缘膜，略平扁、无蹼。尾基较粗向后侧扁，末端钝圆，尾鳍褶薄。雄性繁殖季节尾部具有一灰白色条带。生活时全身褐黑色或黄褐色。其色斑有变异，有的个体背部脊棱和体侧疣粒棕红色，有的体侧和四肢上有黄色圆斑。体腹面橘黄色小斑的深浅和形状不一，尾肌部位为浅紫色。皮肤粗糙，头体背面满布细小瘰疣，尾后部无疣。

生活习性　此螈的次成体常见于丘陵山区，陆栖生活，成螈繁殖季节生活于海拔 30 ~ 850m 丘陵山区较为宽阔的流溪中，水流较为缓慢，溪内多有小石和泥沙。白天成螈隐蔽在水底石间或腐叶下，有时游到水面呼吸空气，阴雨天气常登陆在草丛中捕食昆虫、蚯蚓、螺类及其他小动物，其中螺类为主要食物。

地理分布　中国瘰螈在保护区内分布较广，主要见于龙井坑村、周村乡周边、徐罗坑村等地中低海拔常绿阔叶林及白坑水库附近。浙江省内主要分布于天台、杭州市区、宁海、宁波市区、临海、莲都区、乐清、缙云、临安、义乌、开化、遂昌、龙泉、桐庐、象山、鹿城区。

090 东方蝾螈 *Cynops orientalis* (David)

有尾目 CAUDATA　蝾螈科 Salamandridae　蝾螈属 *Cynops*

别　名　水龙、四脚鱼
保护等级　浙江省重点保护野生动物
濒危等级　《中国生物多样性红色名录》：近危 (NT)；
IUCN 物种红色名录：无危 (LC)
形态特征　该螈体型较小，头部扁平，头长明显大于头宽。吻端钝圆，吻棱较明显，鼻孔近吻端。躯干呈圆柱状，肋沟无，头背面两侧无棱脊，体背中央脊棱弱。前肢、后肢纤细。指、趾无缘膜，基部无蹼。尾侧扁，背、腹鳍褶较平直，尾末端钝圆，背、腹尾鳍褶适度高。生活时体背面黑色显蜡样光泽，一般无斑纹。腹面橘红色或朱红色，其上有黑斑点，肛前半部和尾下缘橘红色。肛后半部黑色或边缘黑色。体背面满布痣粒及细沟纹。咽喉部痣粒略显或

不显，胸腹部光滑。
生活习性　该螈生活于海拔 30～1000m 的山区，多栖于有水草的静水塘、泉水凼和稻田及其附近。成螈白天静伏于水草间或石下，偶尔浮游到水面呼吸空气。主要捕食蚊蝇幼虫、蚯蚓及其他水生小动物。
地理分布　东方蝾螈在保护区内分布较窄，主要见于双溪口村、白坑水库附近农田临时性水坑和道路旁静水沟渠。浙江省内分布于余杭、义乌、缙云、龙泉、遂昌、莲都区、乐清、鹿城区、温岭、临海、天台、江山、婺城区、诸暨、杭州市区、吴兴区、长兴、安吉、嘉兴、黄岩、萧山、仙居、建德、德清、青田、云和、衢江区、柯城区。

091 崇安髭蟾 *Leptobrachium liui* (Pope)

无尾目 ANURA 角蟾科 Megophryidae 拟髭蟾属 *Leptobrachium*

别　　名 坑牛、角怪

保护等级 浙江省重点保护野生动物

濒危等级 《中国生物多样性红色名录》：近危（NT）；
IUCN 物种红色名录：无危（LC）

形态特征 该蟾头扁平，头宽大于头长。吻宽圆，吻棱显，颊部略凹陷。瞳孔纵置，鼓膜隐蔽或者略显，有单咽下内声囊。前肢长，前臂及手长超过体长之半。多数雄蟾上唇缘左右侧各有 1 枚锥状角质刺（雌蟾相应部位为橘红色点）。指、趾端圆，趾间具微蹼。生活时体背部有痣粒组成的网状肤棱。四肢背面肤棱显著，呈纵行。腹面及体侧满布浅色痣粒，腋腺大呈椭圆形，有股后腺。体背面浅褐色略带紫色，有许多不规则的黑斑。眼上半浅绿色，下半深棕褐色。胯部有一白色月牙斑，体腹面满布白色小颗粒。

生活习性 该蟾生活于海拔 800～1600m 林木繁茂的山区，主要植被为常绿阔叶树种和竹类。成蟾营陆栖生活，常栖息在流溪附近的草丛、土穴内或石块下，在农耕地内也可见到。11 月到溪流繁殖，常发出"啊、啊、啊"的鸣声。

地理分布 调查发现崇安髭蟾在保护区内分布较窄，主要见于大龙岗、白确际等高海拔地区缓慢溪流附近，蝌蚪可见，成体较难见到。浙江省内分布于龙泉凤阳山、庆元、江山、遂昌九龙山。

092 中国雨蛙 *Hyla chinensis* Günther

无尾目 ANURA   雨蛙科 Hylidae   雨蛙属 *Hyla*

别　　名　绿猴、雨怪、雨鬼
保护等级　浙江省重点保护野生动物
濒危等级　《中国生物多样性红色名录》：无危 (LC)；
IUCN 物种红色名录：无危 (LC)
形态特征　该蛙头宽略大于头长，吻圆而高，吻
棱明显。鼓膜圆而小，约为眼径的 1/3。有单咽
下外声囊，色深，鸣叫时膨胀成球状。雄蛙第
一指有婚垫，有雄性线。背面皮肤光滑，无疣
粒。腹面密布颗粒疣，咽喉部光滑。背面绿色
或草绿色，体侧及腹面浅黄色。1 条清晰的深棕
色细线纹由吻端至颞褶达肩部，在眼后鼓膜下

方又有 1 条棕色细线纹，在肩部会合成三角形
斑。体侧和股前后有数量不等的黑斑点，跗足部
棕色。
生活习性　该蛙生活于海拔 200～1000m 低山区。
白天多匍匐在石缝或洞穴内，隐蔽在灌丛、芦苇、
美人蕉及高秆作物上。夜晚多栖息于植物叶片上鸣
叫，头向水面，鸣声连续音高而急。成蛙捕食蝽象、
金龟子、象鼻虫、蚁类等小动物。
地理分布　调查发现中国雨蛙在保护区内分布较广，
广布于保护区大多数区域，常于雨后鸣叫，声音嘹亮。
浙江全省广布。

093 九龙棘蛙 *Quasipaa jiulongensis* Huang & Liu

无尾目 ANURA 叉舌蛙科 Dicroglossidae 棘胸蛙属 *Quasipaa*

别　　名　坑梆儿、小跳鱼

保护等级　浙江省重点保护野生动物

濒危等级　《中国生物多样性红色名录》：易危（VU）；
IUCN 物种红色名录：易危（VU）

形态特征　该蛙体型肥硕，头宽略大于头长，吻端钝圆。鼓膜隐蔽，颞褶明显，从眼后方直达肩前方，具单咽下内声囊，无背侧褶。雄蛙前臂很粗壮，内侧 2 指或 3 指有黑色婚刺。胸部满布疣粒，疣上有锥状黑刺疣，后肢肥壮较长，趾间全蹼。体和四肢背面皮肤粗糙，背部满布小疣，间杂有少数大长疣。头部及四肢背面及体侧亦散有疣粒，两眼后有 1 条横肤沟。背面黑褐色或浅褐色，两眼间有深色横纹，背部两侧各有 4～5 个明显的黄色斑点排成纵行，

左右对称，有的个体背脊处有黄色脊线。四肢背面具深色横斑，咽胸部有深浅相间的斑纹，腹部有褐色虫纹斑。

生活习性　该蛙生活于海拔 800～1200m 山区的小型流溪中，溪旁树木茂密。白天成蛙隐伏在流溪水坑内石块下或石缝、石洞里。晚上出来活动，行动十分敏捷，跳跃迅速，当地群众俗称为"靠坑子"或"小跳鱼"。每年 5～10 月活动频繁，捕食昆虫、小蟹及其他小动物。

地理分布　调查发现九龙棘蛙在保护区内分布较窄，主要分布于大龙岗等高海拔区域沙石质小型溪流。浙江省内分布于遂昌九龙山、江山、松阳。

094 棘胸蛙 *Quasipaa spinosa* (David)

无尾目 ANURA　叉舌蛙科 Dicroglossidae　棘胸蛙属 *Quasipaa*

别　　名　石鸡、石蛙、跳鱼

保护等级　浙江省重点保护野生动物

濒危等级　《中国生物多样性红色名录》：易危 (VU)；
IUCN 物种红色名录：易危 (VU)

形态特征　该蛙体型甚肥硕，头宽大于头长，吻端圆，具单咽下内声囊，无背侧褶。雄蛙前臂很粗壮，内侧 3 指有黑色婚刺，胸部疣粒小而密，疣上有黑刺 1 枚，有紫红色雄性线。后肢适中，指、趾端球状，趾间全蹼。皮肤较粗糙，长短疣断续排列成行，其间有小圆疣，疣上一般有黑刺。雄蛙胸部满布大小肉质疣，向前可达咽喉部，向后止于腹前部，每一疣上有 1 枚小黑刺。雌蛙腹面光滑。体背面颜色变异大，多为黄褐色、褐色或棕黑色，两眼间有深色横纹，上、下唇缘均有浅色纵纹，体和四肢有黑褐色横纹，腹面浅黄色，无斑或咽喉部和四肢腹面有褐色云斑。

生活习性　该蛙生活于海拔 600～1500m 林木繁茂的山溪内。白天多隐藏在石穴或土洞中，夜间多蹲在岩石上。捕食多种昆虫、溪蟹、蜈蚣、小蛙等。

地理分布　调查发现棘胸蛙在保护区内分布较广，主要分布于双溪口村、高滩村、徐罗坑、里东坑、周村乡、白水洋村等区域沙石质溪流。

095 崇安湍蛙 *Amolops chunganensis* (Pope)

无尾目 ANURA　蛙科 Ranidae　湍蛙属 *Amolops*

保护等级　浙江省重点保护野生动物
濒危等级　《中国生物多样性红色名录》：无危 (LC)；IUCN 物种红色名录：无危 (LC)
形态特征　该蛙头部扁平，头长略大于头宽，吻端钝圆。鼓膜明显，颞褶不明显。侧褶平直。各指、趾均有吸盘及边缘沟。雄蛙体小，前臂较粗，第一指基部婚垫大，上面具细颗粒，有 1 对咽侧下外声囊，声囊孔大，有雄性线。生活时皮肤较光滑；背部橄榄绿色、灰棕色或棕红色，有不规则深色小斑点。体侧绿色，下方乳黄色具棕色云斑，自吻端沿吻棱下方达鼓膜为深棕色，沿上唇缘达肩部有 1 条乳黄色线纹，下唇缘色浅。四肢背面棕褐色，有规则的深色横纹。腹面浅黄色，多数标本咽喉部及胸部有深色云斑。液浸标本灰褐色，背侧褶外侧色深，色斑不甚清晰。

生活习性　该蛙生活于海拔 700～1800m 林木繁茂的山区。非繁殖期间分散栖息于林间，繁殖期进入流溪，平时较难见到。

地理分布　根据实地调查和文献记载，崇安湍蛙在保护区内分布仅记载于周村乡周边高海拔区域的较大的沙石质溪流。浙江省内分布于江山、泰顺、遂昌、龙泉、庆元。

096 沼水蛙 *Hylarana guentheri* (Boulenger)

无尾目 ANURA　蛙科 Ranidae　水蛙属 *Hylarana*

别　　名　沼蛙、水狗

保护等级　浙江省重点保护野生动物

濒危等级　《中国生物多样性红色名录》：无危 (LC)；
IUCN 物种红色名录：无危 (LC)

形态特征　该蛙体形大而狭长，头部较扁平，吻长而略尖，鼓膜圆而明显，有 1 对咽侧下外声囊，背侧褶平直而明显。雄性第一指内侧婚垫不明显，体背侧雄性线明显。生活时背部皮肤光滑，体侧皮肤有小痣粒。体腹面除雄蛙的咽侧外声囊处有褶皱外，其余各部光滑。生活时的体色变化不大。背面为淡棕色或灰棕色，少数个体的背面有黑斑，沿背侧褶下缘有黑纵纹，体侧有不规则的黑斑，有的连缀成条纹。鼓膜后沿颌腺上方有一斜行的细黑纹，鼓膜周围有一淡黄小圈。颌腺淡黄色，后肢背面有 3～4 条深色宽横纹，股后有黑白相间的云斑。外声囊灰色，体腹面淡黄色，两侧黄色稍深。

生活习性　该蛙栖息于海拔 1100m 以下的平原或丘陵和山区。成蛙多栖息于稻田、池塘或水坑内，常隐蔽在水生植物丛间、土洞或杂草丛中，捕食以昆虫为主，还觅食蚯蚓、田螺及幼蛙等。繁殖季节为 5～6 月。

地理分布　沼水蛙在保护区内分布于白坑水库周边低海拔区域的库尾消落带湿地和农田。

097 天目臭蛙 *Odorrana tianmuii* Chen, Zhou & Zheng

无尾目 ANURA 蛙科 Ranidae 臭蛙属 *Odorrana*

保护等级 浙江省重点保护野生动物

濒危等级 《中国生物多样性红色名录》：无危（LC）；IUCN 物种红色名录：数据缺乏（DD）

形态特征 该蛙头扁平，头长宽几乎相等或略宽。吻略圆，突出于下唇。雄蛙第一指婚垫大，有 1 对咽侧下外声囊。皮肤光滑或有小疣，无背侧褶或仅背前部有断续腺疣组成似褶状。体侧疣粒明显或不显，腹面光滑，腹后端及股基部有扁平疣。身体背面颜色变异大，多为鲜绿色，具有赤褐色斑点，或背面为褐色、棕色或深灰色，上面有绿色斑纹，体侧灰褐色、赤褐色或绿色，并散有黑斑；四肢具不清晰的深褐黑或黑褐色横纹；股后缘浅黄色，上面有黑点或云斑；腹面白色，有的个体咽喉及胸部有灰褐色斑纹。

生活习性 该蛙生活于海拔 200～800m 丘陵山区的流溪中。其生态环境植被茂盛、阴湿，溪水平缓、水面开阔。成蛙栖息于溪边的石块或岩壁上、岩缝或溪边的灌丛中。与该蛙同域分布的有武夷湍蛙、华南湍蛙、大绿臭蛙和淡肩角蟾。

地理分布 根据历史资料、访问和实地调查，天目臭蛙在保护区内分布较广，见于各大溪流及其附近生境。浙江省内广布。

098 大绿臭蛙 *Odorrana graminea* (Boulenge)

无尾目 ANURA　蛙科 Ranidae　臭蛙属 *Odorrana*

别　　名　大绿蛙

保护等级　浙江省重点保护野生动物

濒危等级　《中国生物多样性红色名录》：无危 (LC)；
IUCN 物种红色名录：数据缺乏 (DD)

形态特征　该蛙头扁平，头长大于头宽。吻端钝圆，略突出于下唇，鼓膜清晰。前臂及手长近体长之半，后肢长，趾间全蹼，蹼均达趾端。雄蛙前臂较粗壮，第一指有灰白色婚垫，较大，有 1 对咽侧外声囊，无雄性线。生活时背面为鲜绿色，但有深浅变异，两眼前角间有一小白点，头侧、体侧及四肢浅棕色，四肢背面有深棕色横纹，一般股、胫各

有 3 ～ 4 条，少数标本横纹不显而有不规则斑点。趾蹼略带紫色，上唇缘腺褶及颌腺浅黄色，腹侧及股后有黄白色云斑，腹面白色。

生活习性　该蛙生活于海拔 450 ～ 1200m 森林茂密的大中型山溪及其附近。流溪内大小石头甚多，环境极为阴湿，石上长有苔藓等植物。成蛙白昼多隐匿于流溪岸边石下或在附近的密林里落叶间，夜间多蹲在溪内露出水面的石头上或溪旁岩石上。

地理分布　调查发现大绿臭蛙在保护区内分布于达库、雪岭、龙井坑、白坑水库周边低海拔区域的溪流中。

099 凹耳臭蛙 *Odorrana tormota* (Wu)

无尾目 ANURA 蛙科 Ranidae 臭蛙属 *Odorrana*

别　　名　凹耳蛙

保护等级　浙江省重点保护野生动物

濒危等级　《中国生物多样性红色名录》：易危 (VU)；IUCN 物种红色名录：易危 (VU)

形态特征　该蛙头略扁平，吻端钝尖，吻棱明显。雄蛙鼓膜凹陷，呈1个略向前斜的外听道，雌蛙的鼓膜略凹陷。前肢适中，前臂及手长不到体长之半，后肢长。指端扩大成吸盘，指末节背面有半月形横凹痕。雄蛙第一指内侧有灰白色婚垫，无雄性线。生活时背面棕褐色或棕色，背部有多个边缘不齐的小黑斑。体侧色较浅，散有小黑点，股、胫部各有3～4条黑色横纹，其边缘镶有细的浅

黄纹，股后具网状棕褐色或棕色花斑。腹面淡黄色，但咽喉及胸部有棕色碎斑。瞳孔圆、黑色，虹彩上半橘红色，其上有稀疏小黑点，下半深咖啡色。

生活习性　该蛙生活于海拔150～700m的山溪附近。白天隐匿在阴湿的土洞或石穴内，夜晚栖息在山溪两旁灌木枝叶、草丛的茎秆上或溪边石块上，4～6月雄蛙发出"吱"的单一鸣声，音如钢丝摩擦发出的声音，此期间雌蛙腹部丰满。

地理分布　调查发现凹耳臭蛙在保护区内分布于达库、雪岭、龙井坑、白坑水库周边低海拔区域的中大型溪流。浙江省内分布于建德、天台、安吉。

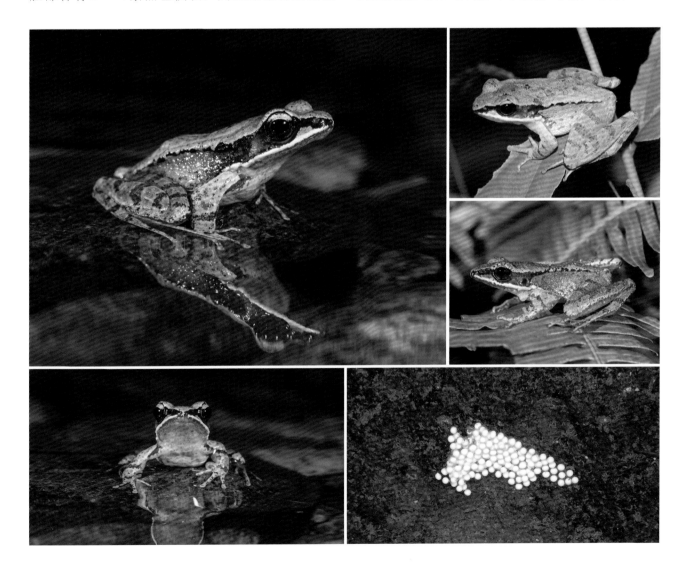

100 黑斑侧褶蛙 *Pelophylax nigromaculatus* (Hallowell)

无尾目 ANURA   蛙科 Ranidae   侧褶蛙属 *Pelophylax*

别　　名　青蛙、田鸡、黑斑蛙

濒危等级　《中国生物多样性红色名录》：近危 (NT)；IUCN 物种红色名录：近危 (NT)

形态特征　该蛙头长大于头宽，吻部略尖，吻端钝圆，眼大而突出。鼓膜大而明显，近圆形。背侧褶明显。雄蛙第一指内侧的婚垫浅灰色，背侧及腹侧都有雄性线，背侧褶较粗。生活时体背面颜色多样，有淡绿色、黄绿色、深绿色、灰褐色等颜色，杂有许多大小不一的黑斑纹，如果体色较深，黑斑不明显，多数个体自吻端至肛前缘有淡黄色或淡绿色的脊线纹。背侧褶金黄色、浅棕色或黄绿色，有些个体沿背侧褶下方有黑纹，或断续成斑纹，四肢背面浅棕色，前臂常有棕黑横纹 2～3 条，股、胫部各有 3～4 条。

生活习性　该蛙广泛生活于平原或丘陵的水田、池塘、湖沼区及海拔 2200m 以下的山地。成蛙在 10～11 月进入松软的土中或枯枝落叶下冬眠，翌年 3～5 月出蛰。

地理分布　调查发现黑斑侧褶蛙在保护区内分布较广，主要分布于双溪口乡、高滩村、徐罗坑、里东坑、周村乡、白水洋村等农田静水塘附近。

101 **布氏泛树蛙** *Polypedates braueri* (Vogt)

无尾目 ANURA 树蛙科 Rhacophoridae 泛树蛙属 *Polypedates*

保护等级 浙江省重点保护野生动物

濒危等级 《中国生物多样性红色名录》：无危 (LC)；IUCN 物种红色名录：数据缺乏 (DD)

形态特征 该蛙头宽几与身体等宽。吻前端钝，颞褶明显。指、趾端均具吸盘，指吸盘大于趾吸盘。生活时体背皮肤光滑，疣粒细小，但腹部及四肢腹侧皮肤较为粗糙。自眼后角开始，身体两侧各有一窄细肤褶，有的个体经前臂上方一直延伸至腹股沟区，但大多数个体此肤褶较短，经肩部上方向下延伸而止于靠近前肢下方处。

生活习性 该蛙生活于海拔 80 ～ 2200m 的丘陵和山区，常栖息在稻田、草丛或泥窝内，或在田埂石缝及附近的灌木、草丛中。傍晚发出"啪、啪、啪"的鸣叫声。行动较缓，跳跃力不强。

地理分布 调查发现布氏泛树蛙在保护区内分布广泛，主要分布于周村乡、雪岭、龙井坑、达库、徐罗坑、双溪口乡、高滩村低海拔区域农田和沟渠的临时性水坑和静水塘。

102 大树蛙 *Zhangixalus dennysi* Blanford

无尾目 ANURA　树蛙科 Rhacophoridae　张树蛙属 *Zhangixalus*

别　　名	大泛树蛙、咕噜蟆
保护等级	浙江省重点保护野生动物
濒危等级	《中国生物多样性红色名录》：无危 (LC)；IUCN 物种红色名录：无危 (LC)

形态特征　该蛙体型大，体扁平而窄长，头部扁平，雄蛙头长宽几乎相等，雌蛙头宽大于头长。吻端斜尖，瞳孔呈横椭圆形，鼓膜大而圆，颞褶明显，短而平直，具单咽下内声囊。前臂粗壮，前臂及手长略大于体长之半，后肢较长。指、趾端均具吸盘和边缘沟，指间蹼发达，趾间全蹼，蹼厚而色深，上有网状纹。雄蛙第一、二指有浅灰色婚垫，有雄性线。生活时背面皮肤较粗糙，有小刺粒，腹部和后肢股部密布较大扁平疣。体色和斑纹有变异，多数个体背面绿色，体背部有镶浅色线纹的棕黄色或紫色斑点。沿体侧一般有成行的白色大斑点或白纵纹，下颌及咽喉部为紫罗兰色，腹面其余部位灰白色。

生活习性　该蛙生活于海拔 80～800m 山区的树林里或附近的田边、灌木及草丛中，偶尔也进入寺庙或山边住宅内。该蛙主要捕食金龟子、叩头虫、蟋蟀等多种昆虫及其他小动物。傍晚后，雄蛙发出"咕噜！咕噜！"或"咕嘟咕！"的连续清脆而洪亮的鸣叫声。

地理分布　调查发现大树蛙在保护区内主要分布于龙井坑、徐罗坑、高滩村低海拔区域农田和沟渠的临时性水坑和静水塘。

参考文献

蔡波, 王跃招, 陈跃英, 等. 2015. 中国爬行纲动物分类厘定[J]. 生物多样性, 23(3): 365-382.

董聿茂. 1990. 浙江动物志·兽类[M]. 浙江: 浙江科学科技出版社.

费梁, 胡淑琴, 叶昌媛, 等. 2009b. 中国动物志　两栖纲(下卷)[M]. 北京: 科学出版社.

费梁, 叶昌媛, 胡淑琴, 等. 2006. 中国动物志　两栖纲(上卷)[M]. 北京: 科学出版社.

费梁, 叶昌媛, 胡淑琴, 等. 2009a. 中国动物志　两栖纲(中卷)[M]. 北京: 科学出版社.

费梁, 叶昌媛, 江建平. 2012. 中国两栖动物及其分布彩色图鉴[M]. 成都: 四川科学技术出版社.

龚世平, 何兵. 2008. 广东省蛇类新纪录——饰纹小头蛇[J]. 四川动物, 27(2): 238-239.

侯勉, 李丕鹏, 吕顺清. 2009. 秉螈Pingia granulosus的重新发现及新模描述[J]. 四川动物, 281: 15-18.

黄美华. 1990. 浙江动物志·两栖类　爬行类[M]. 杭州: 浙江科学技术出版社.

蒋志刚, 江建平, 王跃招, 等. 2016. 中国脊椎动物红色名录[J]. 生物多样性, 24(5): 500-551.

乐新贵, 洪宏志, 王英永. 2009. 江西省爬行纲动物新纪录——崇安地蜥Platyplacopus sylvaticus[J]. 四川动物, 284: 600.

马竞能, 菲利普斯, 何芬奇. 2000. 中国鸟类野外手册[M]. 长沙: 湖南教育出版社.

唐鑫生, 陈启龙. 2006. 基于12S rRNA基因序列探讨崇安地蜥的分类地位[J]. 动物分类学报, 313: 475-479.

唐鑫生, 项鹏. 2002. 崇安地蜥的再发现及其分布范围的扩大[J]. 动物学杂志, 374: 65-66.

杨剑焕, 洪元华, 赵健, 等. 2013. 5种江西省两栖动物新纪录[J]. 动物学杂志, 48(1): 129-133.

张孟闻, 宗愉, 马积藩. 1998. 中国动物志　爬行纲　第一卷　总论　龟鳖目　鳄形目[M]. 北京: 科学出版社.

赵尔宓. 2006a. 中国蛇类(上卷)[M]. 合肥: 安徽科学技术出版社.

赵尔宓. 2006b. 中国蛇类(下卷)[M]. 合肥: 安徽科学技术出版社.

赵尔宓, 黄美华, 宗愉, 等. 1998. 中国动物志　爬行纲　第三卷　有鳞目　蛇亚目[M]. 北京: 科学出版社.

赵尔宓, 赵肯堂, 周开亚, 等. 1999. 中国动物志　爬行纲　第二卷　有鳞目　蜥蜴亚目[M]. 北京: 科学出版社.

郑光美. 2017. 中国鸟类分类与分布名录[M]. 第三版. 北京: 科学出版社.

诸葛阳. 1990. 浙江动物志·鸟类[M]. 杭州: 浙江科学技术出版社.

Fei L, Hu S Q, Ye C Y, et al. 2009. Fauna Sinica Amphibia Volume 3[M]. Beijing: Chinese Academy of Science Science Press.

Gray J E. 1859. Descriptions of new species of salamanders from China and Siam. Annals and Magazine of Natural History, 5(26): 151-152.

Huang Z Y, Liu B H. 1985. A new species of the genus *Rana* from Zhejiang, China[J]. Journal of Fudan University. Natural Science, 24: 235-237.

Nishikawa K, Jiang J P, Matsui M, et al. 2009. Morphological variation in *Pachytriton labiatus* and a re-assessment of the taxonomic status of *P. granulosus* (Amphibia: Urodela: Salamandridae)[J]. Current Herpetology, 28: 49-64.

Pan S L, Dang N X, Wang J S, et al. 2013. Molecular phylogeny supports the validity of *Polypedates impresus* Yang[J]. Asian Herpetological Research, 4: 124-133.

Pope C H. 1929. Four new frogs from Fukien Province, China[J]. American Museum Novitates, 352: 1-5.

中文名索引

拉丁学名索引

江山仙霞岭省级自然保护区——地理位置图

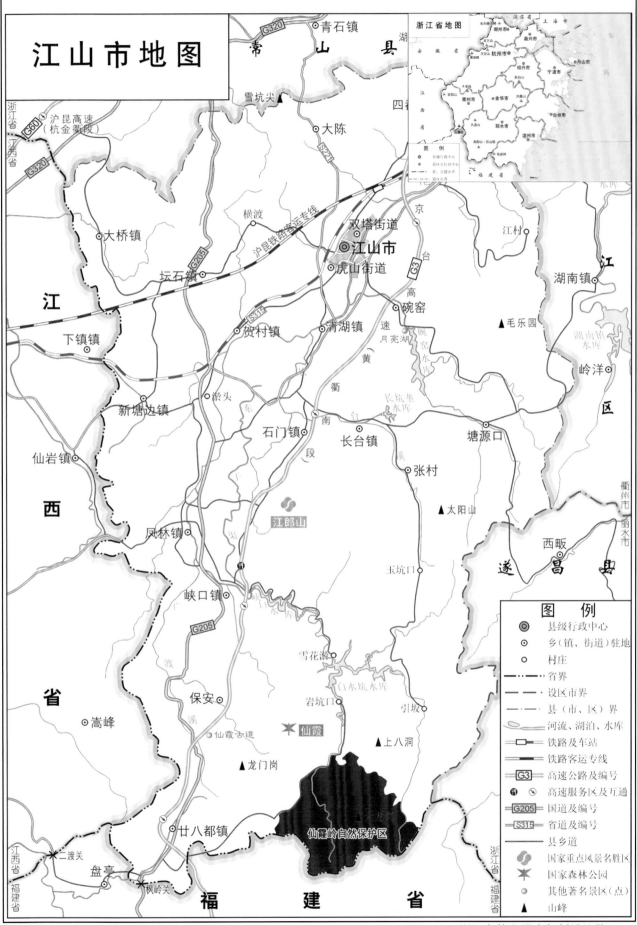

江山市地图

浙江省地图

G320 青石镇
常山县
雪坑尖▲
沪昆高速(杭金衢段) G60
大陈
浙江省/江西省 G320
横渡
G205 大桥镇
坛石镇
沪昆铁路客运专线
双塔街道
京
江村
江山市
江
虎山街道
湖南镇
江 高
碗窑
毛乐园
下镇镇 贺村镇 清湖镇
湖南镇水库
岭洋
月亮湖
黄
区
新塘边镇 淤头
衢
长坑垄水库
长台镇 塘源口
仙岩镇 石门镇 南 张村
西 段
▲太阳山 衢州市/丽水市
江郎山
西畈
凤林镇 玉坑口
遂昌县
峡口镇
G205
雪花淤
白水坑水库
保安 岩坑口 引坂
嵩峰 ▲上八洞
仙霞古道 ★仙霞
龙门岗▲
浙江省/福建省
十八都镇
仙霞岭自然保护区
江西省/福建省 二渡关
盘亭
枫岭关
福 建 省

图 例

◎ 县级行政中心
⊙ 乡(镇、街道)驻地
○ 村庄
—— 省界
--- 设区市界
-·-·- 县(市、区)界
∽ 河流、湖泊、水库
□■ 铁路及车站
━━ 铁路客运专线
G3 高速公路及编号
⑨⊗ 高速服务区及互通
G205 国道及编号
S315 省道及编号
—— 县乡道
✿ 国家重点风景名胜区
★ 国家森林公园
⊙ 其他著名景区(点)
▲ 山峰

地图审核号：浙衢S[2020]12号

浙江省林业调查规划设计院
浙江振邦地理信息科技有限公司 编制

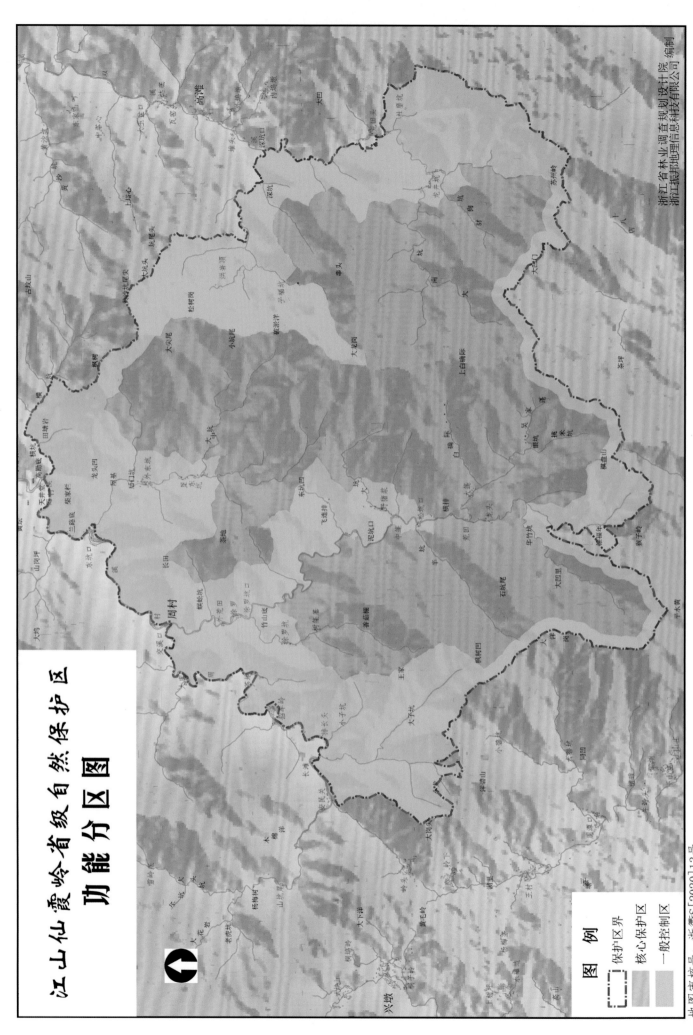

江山仙霞岭省级自然保护区
功能分区图

图 例

保护区界
核心保护区
一般控制区

浙江省林业调查规划设计院 编制
浙江振邦地理信息科技有限公司

地图审核号：浙衢S[2020]13号